人畜共患病防控系列丛书

马常见疾病防治技术

中国动物疫病预防控制中心 编

化学工业出版社

·北京·

本书针对马的临床常见内科病、外科病、产科病、传染病、寄生虫病等72种疾病，对每一种疾病从病因、症状、诊断、防治措施等方面作了较为详细的阐述。本书科学实用、简明扼要，可供基层畜牧兽医工作者、马场技术人员和养马专业户以及马业相关从业人员和马匹爱好者使用，也可为大专院校畜牧兽医专业学生、教师和科研人员提供参考。

图书在版编目（CIP）数据

马常见疾病防治技术/中国动物疫病预防控制中心编．—北京：化学工业出版社，2019.9（2021.10重印）
（人畜共患病防控系列丛书）
ISBN 978-7-122-34742-8

Ⅰ.①马… Ⅱ.①中… Ⅲ.①马病-防治 Ⅳ.①S858.21

中国版本图书馆CIP数据核字（2019）第124183号

责任编辑：刘志茹　邱飞婵　　　　　　　装帧设计：关　飞
责任校对：宋　玮

出版发行：化学工业出版社（北京市东城区青年湖南街13号　邮政编码100011）
印　　装：北京建宏印刷有限公司
710mm×1000mm　1/16　印张13¾　彩插3　字数200千字
2021年10月北京第1版第2次印刷

购书咨询：010-64518888　　　　　　　　售后服务：010-64518899
网　　址：http://www.cip.com.cn
凡购买本书，如有缺损质量问题，本社销售中心负责调换。

定　　价：48.00元　　　　　　　　　　　　　　　版权所有　违者必究

编委会 《人畜共患病防控系列丛书》

主　任：陈伟生

副主任：杨　林

委　员：马世春　魏　巍　池丽娟　马继红
　　　　张存瑞　林典生　陈国胜

编写人员 《马常见疾病防治技术》

主　编：杨　林　马世春
副主编：张存瑞　魏　巍　陈三民　徐　一
编　者：池丽娟　马继红　姚　强　王　赫
　　　　白　洁　李　琦　穆佳毅　李　婷
　　　　郭　巍　刘荻萩　马　建　沈光年
　　　　尉玉杰　韩　涛　高慧敏　徐世文
　　　　李云章　刘俊平　王　志　白　煦
　　　　肖开提·阿不都克力木
　　　　巴音查汗·盖力克
主　审：相文华　时建忠　苏增华　王晓钧
　　　　谢大增　刘晓东

前 言

随着经济全球化和我国经济的快速发展，中国马业迎来了前所未有的发展机遇。目前我国正处在马产业转型升级的关键时期，传统马业逐步由运输、役用等使用方式转变为以赛马、表演展览、骑乘娱乐等形式为主的现代马业。由于马匹的高价值属性，在饲养过程中马的常见病和多发病越来越引起人们的关注，但受限于我国马兽医学方面专业书籍较少，专业马兽医人才稀缺，相关学科及研究发展相对不均衡。

为了更好地适应国内现代马业的迅速发展，满足兽医疫病防控需求，提高我国兽医马疾病的诊治水平，我们编撰了《马常见疾病防治技术》。本书针对马的临床常见内科病、外科病、产科病、传染病、寄生虫病等72种疾病，对每一种疾病从病因、症状、诊断、防治措施等方面作了较为详细的阐述。在本书的编写过程中，作者力求做到简洁明了、通俗易懂、科学性强，可让读者提前预防、对症治疗，迅速掌握各种马疾病的诊断与防治技术。

本书科学实用、简明扼要，可供基层畜牧兽医工作者、马场技术人员和养马专业户以及马业相关从业人员和马匹爱好者使用，也可为大专院校畜牧兽医专业学生、教师和科研人员提供参考。

本书编写过程中，参阅了部分相关著作，在此谨向原著作者表示感谢。受编写人员水平所限，书中难免存有不足之处，敬请广大读者在使用过程中提出宝贵意见。

编 者

2019年5月

目 录

第一章 绪论 / 001

第一节 饲养管理 003
一、饲养管理技术 003
二、健康管理 005

第二节 常用诊疗技术 007
一、常用诊断技术 007
二、常用治疗技术 025

第三节 疫病防疫 030
一、防疫原则 030
二、疫苗与免疫程序 034
三、消毒 036

第二章 内科病 / 039

第一节 消化系统疾病 040
一、口炎 040
二、胃肠炎 042
三、结肠炎 045
四、肠阻塞 048
五、肠痉挛 054
六、肠套叠 055

第二节　呼吸系统疾病……057
　　一、感冒……057
　　二、喉炎……058
　　三、支气管炎……060
　　四、小叶性肺炎……063
　　五、大叶性肺炎……065

第三节　循环系统疾病……068
　　一、心力衰竭……068
　　二、循环虚脱……071
　　三、心肌炎……073

第四节　泌尿系统疾病……075
　　一、肾炎……075
　　二、膀胱炎……078
　　三、尿道炎……080

第五节　神经系统疾病……081
　　一、脑膜脑炎……081
　　二、日射病及热射病……084
　　三、脊髓挫伤……086

第三章　外科病　/ 089

第一节　损伤……090
　　一、开放性损伤……090
　　二、非开放性损伤……093
　　三、损伤并发症……097

第二节　眼病 ········· 100
一、结膜炎 ········· 100
二、角膜炎 ········· 101
三、角膜溃疡 ········· 102

第三节　齿科疾病 ········· 103
一、牙齿异常 ········· 103
二、龋齿 ········· 104

第四节　腹部疾病 ········· 105
一、腹壁疝 ········· 105
二、脐疝 ········· 107
三、直肠脱 ········· 108

第五节　四肢疾病 ········· 110
一、骨折 ········· 110
二、关节疾病 ········· 113
三、肌肉疾病 ········· 119
四、腱与腱鞘疾病 ········· 122
五、黏液囊疾病 ········· 129
六、神经疾病 ········· 131

第六节　蹄病 ········· 133
一、蹄叶炎 ········· 133
二、蹄底钉伤 ········· 135
三、蹄底刺伤 ········· 136
四、蹄底挫伤 ········· 138
五、蹄叉腐烂 ········· 139

第四章　产科病　/ 143

第一节　妊娠期疾病······144
一、流产······144
二、双胎妊娠······147
三、子宫捻转······150

第二节　产后期疾病······152
一、子宫破裂······152
二、子宫脱出······154
三、胎膜滞留······156
四、会阴撕裂创······159

第三节　新生马驹疾病······162
一、脐带感染······162
二、胎粪吸入综合征······165
三、被动免疫传递失败······165
四、新生马驹溶血症······167

第五章　传染病　/ 171

第一节　细菌性传染病······172
一、破伤风······172
二、马腺疫······174
三、沙门菌病······176
四、巴氏杆菌病······178
五、李斯特菌病······180

六、马传染性子宫炎 …………………………………… 181
第二节　病毒性传染病 ………………………………… 183
　　一、马流行性感冒 …………………………………… 183
　　二、马鼻肺炎 ………………………………………… 185
　　三、日本脑炎 ………………………………………… 187
　　四、马脑脊髓炎 ……………………………………… 188
　　五、马传染性贫血 …………………………………… 190

第六章　寄生虫病　/ 193

第一节　内寄生虫病 …………………………………… 194
　　一、马副蛔虫病 ……………………………………… 194
　　二、马圆线虫病 ……………………………………… 195
　　三、马尖尾线虫病 …………………………………… 197
　　四、马胃蝇蛆病 ……………………………………… 199
　　五、伊氏锥虫病 ……………………………………… 201
　　六、马媾疫 …………………………………………… 203
第二节　外寄生虫病 …………………………………… 204
　　一、硬蜱 ……………………………………………… 204
　　二、马疥螨病 ………………………………………… 206

参考文献　/ 209

第一章 绪 论

随着社会进步和人民生活的不断改善，我国养马业结构业发生了很大的变化，由以往役用马、作为交通工具为主已转换到多种多样的经营方式，尤其赛马业的蓬勃发展已渐成趋势，由此在马病诊断与治疗上则不断发生变化与更新，不仅对兽医工作者及其相关从业人员在马的疾病防控上带来了新的挑战，同时也丰富了我们的临床经验和相关研究工作。

马的饲养技术非常关键。一个科学、适于不同品种的饲养管理对马的内科病、外科病以及传染病等疾病的预防都至关重要。近年来，现代养马业的饲养管理已发生了革命性的变化，针对不同品种、不同用途的马匹采取相应的饲养技术，则保证了马匹的健康成长，从而达到了人类要求的预期指标。与此同时，也对马的疾病诊断与治疗带来了新的问题，必须采取相应的变化和更新。目前马的内科病如口炎、胃肠炎、结肠炎等内科病，及外科病如损伤、眼病、肢蹄病、皮肤病等涉及范围更广，多达近百种，对养马业尤其赛马业构成了严重的威胁，因此，快速、准确诊断和合理处置是马疾病防治的重要方向。

在马的传染病防治上，非洲马瘟危害较大，目前我国没有此病，但需要注意该病由外来传入。同样，马鼻疽虽已被消灭，也要严防从国外传入。马传染性贫血防控正步入消灭阶段，有望2020年达到全国消灭标准。目前，我国部分地区主要发生的传染病有马流感、马腺疫、马沙门菌流产、马鼻肺炎和马病毒性动脉炎等。马的寄生虫病如马副蛔虫病、马胃蝇蛆病、伊氏锥虫病、马梨形虫病、马媾疫、丝虫病等在我国北方牧区普遍存在，需引起注意。

在长途运输、疲惫、应激等条件下，可诱发口炎、咽炎、胃肠炎、肠阻塞、肠痉挛等疾病。在环境、气候、疲劳等急剧变化下也会引起神经系统、内分泌系统、免疫系统疾病，如皮疹、湿疹、过敏等。在运输过程中或运动不当更易引起外伤，严重者会危及生命。因此必须要密切观察马匹状况，以减少疾病发生。

鉴于此，本书从饲养管理、疾病诊断、治疗和预防上为养马者勾勒了一个粗浅的线条，或许能对我国的养马业有所裨益。

第一节 饲养管理

一、饲养管理技术

正确的饲养是保证马匹健康的基础工作。兽医、卫生、保健、疫病防控和科学合理的运动是保持马健康生活的关键环节。饲养管理原则包括"四定"(即定人饲养、定时喂饮、定草料、定厩舍和逍遥场)和"六净"(草净、料净、水净、盐净、工具净、居住环境净)。

(一)饲喂原则

(1)饲喂定时定量,顺序要"先粗后精"。每天3~4次精料,且每匹马每次不超过1.8kg。

(2)因为马的口裂小,相对身体而言胃容积不大,少喂勤添。

(3)不突然变更饲料,至少有1周的变更期过渡,如改变,每天改变1/4,逐渐过渡。

(4)保证马有新鲜清洁的水可饮用,饮水充足。

(5)定时冲洗马槽,马槽里不得残留食物。

(6)不要让马刚吃完就去参加训练和运动,要留2个小时的消化时间。刚训练和运动完的马也不要马上饲喂,要留出1个小时的休息和体力恢复时间。

(7)在夜晚吃完饲料,需加放点饲草。

(8)定期检查马的牙齿,发现有尖锐的地方,需用锉磨平,一是防止马咬伤自己,二是可提高食物咀嚼效率。

(9)尽量饲喂多汁饲料。喂苹果和胡萝卜时,需切成片状或小块,防止食管哽塞。

(10)精料保存于清洁、干燥且防鼠的地方,干草放置在通风良好的棚舍内,防雨、防潮和防晒的地方。

（11）使用盐砖或料里加盐，确保马有盐吃。

（12）制定年度驱虫计划，采取轮换使用驱虫药的方法，以防产生抗药性。

（13）定期检查马的体况，每日检查马的三项健康指标（体温、脉搏和呼吸）。观察马粪的形状、数量、粪球的润滑度，尿的次数和颜色等。

（二）饮水原则

（1）运动后，给马补充电解质的同时，一定提供普通清洁水饮用。

（2）舍饲马采用自由饮水，同时保持水槽卫生。

（3）可在饲喂前给马饮水。

（4）大量饮水后，不要让马剧烈运动。

（5）训练运动后，不要立即饮水，要休息一定时间后，再给马少量饮水，大约2.5升/刻钟，直到饮足。

（6）若用自动饮水器，要每天检查自动饮水器是否正常工作。

（三）排泄物的处理

（1）马厩铺设20～30cm厚的垫床，及时清理粪便和尿污的垫料，并补足缺失的垫料。

（2）马场必须在下风口修建粪污处理池，排泄物和垫料进行发酵处理。

（3）运动场粪便及时清理。

（四）日常管理

1.厩舍卫生管理

（1）应保持厩舍内干燥、洁净，湿度50%～70%。厩舍内安装暖气、空调或风扇，以便于冬季保暖和夏季防暑。

（2）厩舍内装排风扇和天窗，以保持良好的通风换气状态。

（3）良好的采光性，有利于厩舍的干燥，以及马匹钙代谢和神经活动。

（4）厩舍内每天2次清扫，1次更换垫料。每次喂料后清洗料槽，每天至少清洗1次饮水槽。

（5）厩舍内外每周1～2次常规消毒。

2.刷拭

每天2次刷拭打理马匹，刷拭应按从前到后，由上到下，先左后右的顺序进行。

3.洗浴

（1）淋浴　晚春和早秋前，气温比较高的季节水温控制在30℃以上，洗后先用汗水刮刮去马体上，特别是腹下的水，再用毛巾擦，在无风的日光下晒干或牵遛到毛干后方能入舍。其他温度较低的季节可在装有浴霸的洗浴房内淋浴，并在烘干房内烘干后直接入舍。如果有水浴按摩场所洗浴更好，不仅可以清洁马体，也可给马以充分按摩，便于改善体表的血液循环，同时也便于运动后疲劳的恢复。

（2）水洗　在没有淋浴设施和条件的情况下，可用15℃以上的清洁水水洗或在洗马池内洗浴。如果刚运动完的马匹用水冲四肢，应用水温较低的水冲洗。

（3）游泳　建游泳池或利用河流水塘等，水温应在20℃以上。

4.护蹄

（1）平时的护理　首先有合理的厩床，每天刷拭蹄油和扣蹄底。

（2）削蹄　根据磨损的程度和快慢，应在30天左右削蹄1次。

（3）装蹄铁　为了更好地进行训练和运动，削蹄后应装上合适的蹄铁。

5.剪毛和修剪

为了确保马的整洁、美观和易于刷拭，应定期对马匹的长毛和被毛进行修剪。

二、健康管理

（一）健康管理计划

马的健康管理是马的福利的重要组成部分，对于与健康相关的任何工作和活动都需要定期评估，马主和马场管理人员应该通过合理的营养、疫病免疫、检查和治疗以保持马的健康，同时，兽医工作者应该在保持马健康的活动中承担重要的责任。

马的健康管理计划应该包括以下几点：① 生物安全计划；② 预防检查和治疗疫病的计划；③ 害虫和昆虫控制计划；④ 免疫和驱虫计划；⑤ 人员的训练计划；⑥ 紧急情况下兽医的联系方式等。

"健康管理计划"（包含生物安全和免疫）降低了传染性疫病传入和扩散的风险，"生物安全协议"是避免疫病传入农场并在不同农场间传播的指导方针，刚刚购入的新马和疫病痊愈返回农场的病马是携带传染性疫病的高危对象，特别在那些马匹较多的农场尤其重要。

对于某些疫病，有些马匹可能是携带病原者，它们在疫病扩散的过程中扮演着重要角色。另外，有些传染性疫病也可能由人（衣服和靴子）、其他动物（狗或野生动物）、以及未经完全清洁的物体或其他已经被感染的物体（刷子、马术用品、笼头、水桶和马匹运输车）传播。

兽药尤其是兽用处方药应该在兽医的指导下使用。一些兽药或者补充剂有可能已经失效或不安全。这些兽药包括：一些天然兽药和草本补充剂；没有了标签或未经测试或来源不合法的兽药。法定的兽药来源包括兽医、药房、兽药房，和一些其他具有兽药售卖资质的机构。在对任何药物和补充剂的管理时，应该认真阅读标签并且和兽医讨论其安全性和正确的使用途径。兽药的储存也十分重要，因为它可以影响药物的安全性和有效性。

马的健康管理具体要求：经常观察马匹；购买药物来源可信赖；治疗记录和处方应该详细。

（二）健康管理措施

对于那些负责马匹健康的人员来讲，需能够识别马匹的正常或异常行为，并具备基本的马匹急救知识。经常对马匹进行详细的检查，才能发现那些从表面上不易观察到的问题，这些检查可以在喂马或者日常工作时进行。

马出现昏睡、精神沉郁、烦躁、食欲减少、饮水量改变、粪便的含水量改变、不明原因的体重改变（增加或减少）、疼痛或不适（不喜欢运动，呼吸数增加，流汗增多）、疝痛、跛行、肿胀、眼、耳、鼻分泌物增加、呼吸困难或咳嗽、发热时，应立即采取措施，同时赶紧联系兽医，并接受兽医建议进行治疗，且治疗记录和处方应该存档。

推荐做法：① 学会及时发现对于马匹健康至关重要的信号；② 当马匹出现不明原因的不正常的行为时或显示生病迹象时，应及时咨询兽医；③ 提前准备兽医联络方式，放置在马房人员可以随时找到的地方；④ 熟悉距离最近的马医院的路线以及做好紧急情况下运输马匹的准备；⑤ 准备急救工具箱或紧急运输车并要确保人员可以在紧急情况下找到并使用它；⑥ 向经验丰富了解马匹的人或者其他专家咨询治疗马时，如何提供一个安全又合适的马匹保定方案。要有一个有隐蔽物的、隔离的、层次分明的独立马厩，来存放那些受伤、生病以及正在恢复的马匹；⑦ 至少两天一次进行检查，确保治疗记录上包含治疗马匹的马号、日期、治疗的原因、剂量、治疗停止时间，如果存在不良反应，也必须如实记录；⑧ 当你要离开马场一段时间时，要找一个能够完全对马场负责的人，并对于马的健康管理签一份协议。

第二节　常用诊疗技术

一、常用诊断技术

（一）保定法

1.接近

在接近马之前，要用温和的声音呼唤马，接近马时应从马的左侧前方靠近，禁止从马的后躯方向靠近，以防马后躯的"急转弯"踢人的动作，个别的马有用前蹄扒人的坏习惯，在接近马之前要询问马主有关马的习性，以防突然被马前蹄扒伤。应抚摸颈侧，右手从颈侧逐渐向胸侧抚摸，待马安静下来后,再进行胸部、腹部或其他部位的检查。

2.保定

常用保定方法包括徒手保定、鼻捻子保定、柱栏保定和化学药物保定(镇静)。

(1)徒手保定 包括提捏颈部与胸部交接处皮肤保定和前肢单肢提举保定。

(2)鼻捻子保定 先将左手四个手指放入鼻捻棒的套内,只留食指在套外,以防绳套下滑至腕部,然后将左手放在马前额,边抚摸边向下滑动,当手移至鼻端时,迅速抓住马上唇,右手迅速捻动棒杆,使绳紧紧勒住马唇,必要时为保定更加确实,可将缰绳缠于棒体。

(3)柱栏保定 常用四柱栏保定,保定时先将前挡板装好,然后将马经两后柱间牵入柱栏内,立刻装上后挡板,以防马后退,然后装好鬐甲带,以防马向前跳出柱栏外。为防止马卧下,应装好腹带。诊疗工作完毕,先解除鬐甲带,再解除腹带和打开前挡板,即可将马牵出柱栏。

(4)化学药物保定(镇静) 采用α2-受体激动剂(如盐酸赛拉嗪、盐酸地拖咪定)镇静保定。

(二)诊断方法

基本方法包括嗅诊、视诊、触诊、听诊、叩诊及问诊。此类方法简单易行,不受时间、场所限制。通过收集相关临床症状,综合分析、判断,建立正确的疫病诊断结果,是临床诊断最直接的方法。

1.嗅诊

嗅诊指闻病马的口腔气、呼出气、分泌物和排泄物等。嗅诊对一些疫病有诊断意义,如胃肠炎(粪便恶臭)、尿毒症(皮肤或汗液尿臭)、肺坏疽(腐败臭)以及腐败性支气管炎。

2.视诊

视诊主要是观察马匹全身状态是否出现异常、体表各部分及口鼻等的情况。视诊时,兽医人员应位于离马匹2~3m远的地方,先观察病马体表全貌，如姿势、精神、被毛。然后，围绕马匹边走边看，观察顺序为头、颈、胸、腹、臀和四肢，顺势观察尾部和会阴部，并对照观察两侧胸、腹、臀的状态和对称性。最后，要以不同速度遛马，以观察运动节奏及步态。

3. 触诊

触诊指用手指或手掌直接触摸，以判定病变的位置、大小、形状、硬度、温度、湿度及敏感性等。检查体表温度、湿度及肌肉的敏感性时，可将手轻放于体表。对于深度组织和肿胀，可施加一定的压力进行触摸。利用某些器械，即间接触诊，可用于如胃管、尿管等探查创道和瘘管的探诊。

4. 听诊

主要用于听病马体内的声音，分为直接听诊和间接听诊两种。直接听诊也就是不借助任何器械，用耳朵贴于马体表进行听诊，主要用于获取呻吟、喘息、咳嗽、喷嚏、嗳气、磨牙及高潮的肠音。间接听诊是借助听诊器进行操作，常用于心脏、肺、胃肠等的检查。听诊时，听诊器一定要紧贴体表，但不能强压，并且防止摩擦。如果发现异常听音，一定要与邻近部位反复比较确诊。

5. 叩诊

叩诊指叩打病马体表，根据产生的回音来推断所诊的组织和内在器官有无病理改变的方法，多用于确定胸壁有无疼痛、胸腔内液体的多少、肺部病变的性质与范围，以及心、肝、肺、脾的界限等检查。马驹常用指指叩诊法，成年马则多用槌板叩诊法。指指叩诊法是用弯曲的右手中指，垂直地向紧贴于马体表的左手中指的第二指骨中央，进行短而急的连续2次叩打，叩打后右手中指应立即抬起。槌板叩诊法是用左手持叩诊板紧贴马的体表，期间不得留有空隙，右手持叩诊槌，以腕关节的力量向叩诊板上叩打，动作要短而急促，每次2～3下，间歇性地叩击。当发现异常叩诊音时，应与健康部位的叩诊音作比较，并与另一侧对称部位作比较，以避免发生误诊。

6.问诊

主要是向马主了解病马发病前后的情况。包括：发病时间和病后主要特征，附近或本群其他马匹有无类似疫病；饲养管理、训练使役和交配状态；治疗情况，了解用药史和治疗效果。

（三）检查顺序

通常包括病畜登记、病史调查和现症检查。只有这样，才可避免因杂乱无序或偏废一方，遗漏主要症状而产生误诊。

（四）现症检查

包括一般检查、各系统检查及实验室检查等。

1.一般检查

对马匹全身状态的概括性检查。包括：外表观察、皮肤及被毛、结膜、体表淋巴结、体温、脉搏数和呼吸数等。

（1）外表观察

① 精神状态　主要观察其眼神、反应速度、防卫意识，对外界刺激的敏感度，从而判断其精神是兴奋还是沉郁呆滞。

② 姿态　健康马匹有其特定的生理状态。患病时则出现异常姿势，这也可为诊断疫病提供重要的根据。

③ 营养　根据被毛状态和肌肉丰满程度分为营养良好、营养中等和营养不良三个等级。

（2）皮肤及被毛的检查

① 被毛状态　健康马被毛平整，富有光泽，不易脱落。患病后往往被毛粗乱，失去光泽。患皮肤病时，则被毛容易脱落。

② 皮肤温度　检查皮肤温度一般在马的耳部、胸侧及四肢进行，通常是用手背轻触皮肤或以手握着耳、四肢，感觉其温度。全身性皮温增高，多见于局部炎症。皮温降低，常见于大失血、心力衰竭等。

③ 皮肤湿度　皮肤湿度因发汗多少而不同。健康马在安静状态下，皮肤常不湿不干而有滑润感。发汗增多，见于剧烈疼痛性疫病、中暑等。全身出冷汗，见于内脏破裂。发汗减少，见于体内水分丧失过多的疫病，如

剧烈腹泻。

④ 皮肤弹力　通常检查马的颈部。健康马，用手将皮肤捏成皱褶，松开后很快恢复原状。在营养障碍、大失血、脱水、皮肤慢性炎症时，皮肤弹力减退。但老龄马的皮肤弹力减退是生理现象。

⑤ 皮肤肿胀　多为局限性的，常见的有水肿、脓肿、淋巴结肿及肺气肿。

⑥ 皮肤出疹　常见的有丘疹和荨麻疹。前者呈现圆形的皮肤隆起，米粒大至豌豆大小不等；荨麻疹为皮肤突然出现硬固的隆起，指头大至鸡蛋大小不等，表面平坦，剧痒，呈急发性而后迅速消失并无痕迹。

（3）结膜检查

检查结膜时，着重观察其颜色，其次注意有无肿胀和分泌物等。

① 结膜苍白　是贫血的表现。急速苍白，见于大失血、肝脾脏器破裂损伤所致；渐变苍白见于慢性消耗性疫病，如营养性贫血、肠道寄生虫病等。

② 结膜潮红　是充血表现。见于眼的外伤、结膜炎及各种急性热性传染病等。

③ 结膜发绀　是血液中还原血红蛋白增多的结果。见于肺炎、心力衰竭及某些中毒病。

④ 结膜黄染　是血液中胆红素增多的结果。常见于肝胆疫病、溶血性疫病、钩端螺旋体病及某些中毒病等。

⑤ 结膜有出血点或出血斑　是血管壁通透性增大的结果。见于某些传染病和出血性疫病，如马传染性贫血和血斑病等。

（4）体表淋巴结的检查

主要用触诊法。着重注意其大小、硬度、温度、敏感性和移动性。通常检查马的下颌淋巴结。急性肿胀时，有热有痛，见于马腺疫、急性鼻疽、咽喉炎等；慢性肿胀时，无热无痛，坚硬，缺乏移动性，见于慢性鼻疽。

（5）体温、脉搏数

① 体温测定　马的正常体温为37.5～38.5℃。体温低于正常范围则为体温低下，常见于大失血、内脏破裂、中毒性疫病及濒死期等。体温升

高1℃以内的为微热；升高1～2℃的为中热；升高2℃以上的为高热。高热持续3天以上，且每日温差在1℃以内，常见于传染性胸膜肺炎等。体温日差在1℃以上，且降不到常温，常见于支气管肺炎、化脓性疫病及败血症等。有热和无热交替进行，常见于马慢性传染性贫血、锥虫病等。

② 脉搏数检查　马的脉搏数检查通常是触诊颌外动脉的跳动。检查者站在马的左侧，左手握住笼头，用右手的食指和无名指轻压下颌支下缘处的颌外动脉，记1分钟的跳动次数。也可借助心脏听诊的方法来代替。健康马的脉搏数为26～42次/分。

（6）呼吸数的检查

呼吸数是每分钟呼吸运动的次数，即呼吸频率，是急性呼吸功能障碍的敏感指标。检查主要通过视诊和听诊的方法来测定，健康马属动物的呼吸频率为8～16次/分，且随年龄、性别和生理状态而异。

测定每分钟的呼吸次数，以次/分表示。一般可根据胸腹部起伏动作而测定，检查者站在马匹的侧方，注意观察其腹肋部的起伏，一起一伏为一次呼吸。在寒冷季节也可观察呼出气流来测定。测定呼吸数时，应在动物休息、安静时检测。一般应检测1min。观察马鼻翼的活动或将手放在鼻前感知气流的测定方法不够准确，应注意。必要时可用听诊肺部呼吸音的次数来代替。

2. 系统检查

（1）循环系统检查

① 心脏触诊　主要用于检查心脏搏动，检查者站在马的左侧，左手掌平放在肘头后上方2～3cm处的胸壁上，即可感到轻微的心搏动。心搏动的次数可代替脉搏的次数。

② 心脏听诊　是检查心脏的重要方法之一，一般采用间接听诊法。听诊健康马心脏时，可听到有节律的类似"通-塔、通-塔"的两个声音，称为心音。前一个称为第一心音或缩期心音，是心室收缩时所发出的声音，其特点是音调低，持续时间长，尾音长；后一个声音称为第二心音或张期心音，是心室舒张时所发出的声音，其特点是音调高，持续时间短，尾音消失快。患病时心音常发生变化。

③ 脉搏检查　主要检查马的脉搏数、脉搏性质和脉搏节律，注意区分节律脉搏即整脉，也就是间隔相等，强弱一致。另一种称为无节律脉，即强弱不定，或忽快忽慢，间隔不等。

（2）呼吸系统检查

① 呼吸检查　健康马为胸腹式呼吸，即呼吸时胸壁和腹壁的运动协调，强度一致。患病时会出现胸式呼吸和腹式呼吸。胸式呼吸时胸壁运动较腹壁运动明显，见于肠道胀气、腹膜炎及腹壁疝等。腹式呼吸也就是腹壁运动幅度高于胸壁幅度，见于胸膜炎、肋骨骨折等。呼吸困难，也就是呼吸数、呼吸强度和节律异常，有时呼吸式也发生改变。当鼻腔、咽喉及气管患病时，常发生吸气性呼吸困难；慢性肺气肿和细支气管炎时，多发生呼气性喘息困难；呼吸数可根据一般性检查作为依据。

② 鼻液检查　浆液性鼻液，为无色透明水样，常见于呼吸道黏膜急性炎症初期及感冒等；黏液性鼻液，黏稠，蛋清样或灰白色不透明，常见于呼吸道黏膜急性炎症中、后期；脓性鼻液，黏稠，混浊不透明，呈黄色或黄绿色，见于呼吸道黏膜急性炎症后期、鼻窦炎、鼻腔鼻疽、腺疫及肺脓肿破溃等；腐败性鼻液，污秽不洁，发恶臭味，常见于坏疽性肺炎及腐败性支气管炎等；血液性鼻液，鼻液中混有血液，见于呼吸道黏膜损伤及肺出血等。鼻液量增多，常见于上呼吸道急性炎症性疫病、鼻窦炎及某些传染病等；少量鼻液，见于慢性呼吸系统疫病和某些传染病等。一侧性鼻液，见于该侧鼻腔和副鼻窦的疫病等；两侧性鼻液，见于支气管炎和肺的疫病等。混杂物的出现，如有饲料碎片和唾液，见于咽和食管疫病等；鼻液中混有酸臭呕吐物，常见于胃部扩张；小泡沫的出现预示着可能发生了肺水肿。

③ 咳嗽　如果在检查过程中，不出现咳嗽，可以人工诱导咳嗽，即用拇指和食指压迫第一、第二气管轮，观察是否咳嗽。健康马通常不咳嗽，或仅发出一两声咳嗽。如出现连续多次咳嗽，即为发病前兆或中期发病。

④ 鼻腔　将两手的拇指、食指和中指，抓住鼻翼软骨，将鼻孔张开，即可观察。着重注意鼻黏膜的色彩、肿胀、出血斑点、结节、溃疡及瘢痕等。健康马的鼻黏膜湿润有光泽，表面有很多颗粒状的淡红色小圆点，凹

凸不平。鼻黏膜肿胀，常见于急性鼻炎；鼻黏膜有出血点或出血斑，常见于马传染性贫血；鼻黏膜上出现结节、溃疡和瘢痕，是马鼻疽的特征。

⑤ 喉及气管检查　常用视诊、触诊和听诊的方法。首先，视诊检查喉部是否出现肿胀，气管有无变形，头颈部的姿势有无变化等。触诊时，可用手指触压喉部和气管，如果出现肿胀、升温和疼痛，表明喉和气管出现炎症。此时，轻轻按压，病马即表现出不安，并伴有咳嗽。听诊健康马的喉和气管时，可听到类似"赫、赫"的声音。患喉炎和气管炎时，可听到喉和气管呼吸音增强并伴有啰音。

⑥ 胸部检查

a. 胸部视诊：观察胸廓形状、胸壁有无外伤、肿胀等。健康马的胸廓左右对称。发育不良或患佝偻病、骨软症时，胸廓多狭窄而扁平。一侧气胸或一侧性胸膜炎，则胸廓不对称。

b. 胸部触诊：检查者站在病马的一侧，手放在马的背部做支点，另一只手的手指伸直并拢，垂直放在肋间部，指端不离体表，自上而下连续进行短而急的按压。患胸膜炎、肋骨骨折等疫病时，胸部触诊敏感。

c. 胸部叩诊：多用槌板叩诊法。从上到下，由前向后，按肋间顺序叩打。马的正常肺部叩诊区，上界为背中线下方一掌宽与脊柱平行的直线；前界为自肩胛骨后角沿肘肌向下所划的直线；后下界是由第16肋骨与髋关节水平线的交叉点，第14肋骨与坐骨结节水平线的交叉连接而成的一弓形线，止于第5肋间下方与前界相交。在发病之中，肺叩诊区可扩大或缩小。正常肺部的叩诊音为清音，又称为满音。其特征是音响强、音调低、持续时间长，尤以肺中部最为明显，肺边缘部分的叩诊音则弱而钝浊。叩诊时发出类似叩打臀部肌肉的音响，声音钝浊，称为浊音，见于肺炎、胸膜炎等；叩诊类似叩打肺边缘时发生的音响，声音弱而钝浊，称为半浊音，见于支气管炎；叩诊时浊音上界呈水平，且浊音随病马体位变换而改变，称为水平浊音，见于渗出性胸膜炎等；叩诊音调较清音高，音响震动时间长，称为鼓音，见于空洞型肺结核、肺脓肿等；叩诊发出类似叩打纸盒的音响，称为过清音，见于肺水肿。

d. 胸部听诊：主要采用间接听诊法。听诊时，先从胸壁的中部开始，然后听上部和下部，由前向后依次进行。每个部位听2～3次呼吸音后再变换位置，直至听完全肺。马匹健康时在肺区可听到类似"呋——呋"的声音，以肺的中前部最为明显。在病理情况下，胸部听诊音常发生改变。肺泡呼吸音增强：普遍性增强，见于大叶性肺炎、支气管炎及渗出性胸膜炎等。肺泡呼吸音减弱或消失：见于肺炎、肺气肿和胸膜炎等。啰音：是伴随呼吸而出现的一种附加声音，有干啰音和湿啰音两种。干啰音类似于笛声、哨声、鼾声或咝咝声，常见于支气管炎、支气管肺炎等；湿啰音又称为水泡音，类似含漱、沸腾或水泡破裂的声音，常见于支气管炎、支气管肺炎和肺气肿等。捻发音，类似于在耳边捻头发的声音，吸气时能听到，尤以吸气达到顶点时最明显，呼气时听不到，常见于肺炎和肺气肿初期等。胸膜摩擦音，类似粗糙皮革摩擦时发出的声音，吸气与呼气都能听到，常见于胸膜炎初期和渗出液吸收期。胸腔拍水音，又称震荡音，类似振荡半瓶水或水击河岸时发出的声音，吸气和呼气都可听到，常见于渗出性胸膜炎等。

（3）消化系统检查

① 食欲检查　健康马匹食欲相对于病马要旺盛得多。食欲的好坏可由马匹咀嚼速度、咬合的力道、采食量等进行综合判断。当马患病时，经常食欲不振，甚至食欲废绝。废绝后又出现食欲表示疫病好转。有时出现异食，采食一些通常不吃的异物，如泥土、石灰、沾有粪尿的垫草等，多因饲料中缺乏某种维生素或矿物质等。同样方法，观察饮水量及出汗和腹泻、排尿情况。当马匹的唇、齿、颌骨及口腔黏膜损伤时，马常突然拒绝采食；舌头肿胀或麻痹时，也会出现采食乏力；某些热性病及胃肠病，常出现咀嚼无力缓慢；患佝偻病、软骨症、口腔疫病时，表现为咀嚼困难或不能咀嚼；当咽喉炎、食管阻塞及食管炎时，表现为吞咽困难。

② 口腔检查　应注意黏膜的颜色和形态，口腔的气味、温度、湿度，舌及牙齿状态等。健康马的口腔无特殊气味。当食欲减退及口腔病变时，口内常发出异常气味；口腔有坏死性炎症时，会发生特异的腐败臭味。口腔温度和体温通常是一致的，如口温升高而体温不高，为口炎的表现。口腔过于湿润或大量流涎，常见于口炎、咽炎、食管疫病及某些中毒性疫病等；口腔干燥，多见于热性病、脱水、重度胃肠炎及便秘中后期等。检查舌时，除注意其活动能力、有无损伤外，还应注意其有无舌苔。在患胃肠

病和热性病时，常见到舌苔黄厚，一般表示病情重或病程长；舌苔薄白，则表示病情轻或病程短。检查牙齿时，主要注意有无牙齿磨灭不正、损伤、松动或脱落等。

③ 咽部检查　主要采用外部视诊和触诊法。外部视诊时，应注意咽部有无肿胀，吞咽有无障碍及头部姿势有无改变等。如发现病马咽部肿胀，头颈伸展，运动不灵活，吞咽障碍，则为咽部炎症的表现。马咽部的内部直接视诊较难，必要时可借助内窥镜检查。外部检查常使用触诊的方法，两手的指端在两侧颈静脉沟的上端，下颌支的直后方，向咽部轻轻触压。患咽炎时，马匹触诊敏感，缩头抵抗，并伴有吞咽动作或作连声咳嗽。若怀疑咽部有异物阻碍，需作咽部的内部触诊时，必须确实保定马头，安装开口器后进行。

④ 食管检查　视诊时注意颈部是否出现活动阻碍，或者出现局部隆起或大面积隆起。用手指端沿左侧颈沟由上向下进行触摸，注意颈部食管有无异常变化。患食管炎时，触摸有疼痛反应；食管阻塞时，可摸到硬的阻塞物。也可以采用胃管插入的方法进行探诊。

⑤ 腹部检查　主要应用于马匹出现胃肠臌胀，常见于腹壁疝、腹壁水肿及血肿等。腹围缩小常见于长期食欲减退和慢性消耗性疫病等。主要了解腹壁的疼痛感和紧张度。当肠管积气时，腹壁弹性增强；腹腔积液时，有波动感；腹膜炎时，触压腹壁有疼痛反应。健康马的腹部比较敏感，触诊时应加以辨别。听其小肠音如流水声或含漱声，说明其小肠健康；同理，大肠音如雷音或远炮音。在病理情况下，肠音发生改变。肠音增强，多见于肠痉挛、肠炎、消化不良；肠音减弱，见于重度胃肠炎及肠便秘等。

⑥ 粪便检查　排便应注意次数、姿势、数量等。次数增多，稀薄如水称为腹泻，见于肠炎或消化不良等；粪便干燥、色暗，表面常附有黏液，见于便秘、肠变位及排便有疼痛感性疫病等。粪便的形态、色泽、气味及混合物，还有是否存在虫体均可以判断其肠胃消化功能以及肠道是否存在寄生虫。

（4）运动系统检查

① 蹄的检查　蹄部的检查从正位和侧位观察站立时蹄的姿势和蹄角

度是否异常，触摸蹄部检查热、痛、蹄底异物损伤、蹄壁是否裂痕，有时借助检蹄器对蹄部疼痛进行检查。健康马匹的腿部和足部都应该是温度低而坚实的，足部任何的肿胀、膨胀或发热都需要做进一步检查，蹄甲或蹄铁底部虽然不是时时都保持好闻的气味，但若出现恶臭，则有受到感染的可能。

② 跛行检查　观察时应注意肢的驻立姿态和负重情况。四肢负重是否平均负重，如有一肢不支持或者完全不负重的情况，需细看其有无伸长、短缩、内收、外展、前踏、后踏等。有的马匹静止站立时也会将一肢抬起不负重，一般是自然表现，可见肢蹄的形态很自然，而且时间不长很快恢复四肢支撑，应注意区分。

患马一前肢有局部病变时，只可能出现前踏、后踏、内收和外展的姿势。有时腕关节会有屈曲，以蹄尖负重，并且位置与健肢不在同一水平线上。

患马一后肢有病变时，患肢呈现前踏、后踏和外展的姿态，呈现多关节弯曲，蹄尖负重，疼痛剧烈或某些慢性疫病时患肢常常提举不负重。

两前肢患病，前肢前伸并分开，后肢位置比正常马匹更靠近腹部，甚至伸至腹部正中。头高抬，拱腰卷腹，严重者呈现犬坐姿态（要注意区别某些疝痛）。然后观察四肢是否有被毛逆立，如有局部的被毛逆立，可能会有肿胀存在。肢体和附近皮肤有无脱毛、外伤或者瘢痕。比较两侧肢在同一部位的肌肉有无轮廓、大小、粗细差异，肢上的肌肉有无萎缩。两侧同一骨骼的长度、方向和外形是否一致，关节大小及轮廓有无改变。

若以上方法不能确定，可让马匹再做一次快步检查，或者让马匹后退，也可以使跛行明显。然后可以让马匹分别做向左向右圆周运动，在圆周运动时，内侧腿主要支持重量，所以支持器官有病变的时候，在内侧比较明显。而如果是运动器官有病变，则在外侧比较明显。所以需要向左向右做圆周运动。也可以让人员骑上马，增加负重，可以使跛行更加明显。如果条件允许，还可以做上下坡，上坡一般会使悬跛加剧；而下坡会让支跛加剧。同时也可以让马在硬地和不平的石子地上运动，可使支跛明显。而在沙地、柔软的地面等，可以使悬跛加剧。中度和重度的跛行是很好区分的，所以在快步检查时，主要是轻度跛行的分析。可以从以下几个方面观测：蹄音、头部运动、臀部运动。另外，如果检查场地是沙地时，也可以用蹄迹来辅助判断。

蹄音：指马蹄碰到地面时发出的声音。健肢的蹄音高、强。而患肢因为有疼痛不用力踏地，或者提举不高，踏地无力，所以声音相对比较低。因此，如果听出马的蹄音有明显高低之分，则应当注意跛行的可能。

头部运动：头部运动是健康前肢负重时，头低下，患前肢着地时，头高举，以减轻患肢的负担。点头的时候，会有头的摆动，特别是上肢前部肌肉有疼痛性疾病，当健康前肢负重时，颈部就摆向健肢一侧。

臀部运动：主要是后肢有跛行时，为了把负重转向健肢，在健肢落地负重时，臀部显著低下，而患肢着地的瞬间臀部高举。

两前肢同时跛行时，肢的自然步样消失，患肢驻立的时间缩短，运动时提举不高，蹄贴地面前行，而且运动快，肩强拘，头高扬，腰部凸弯，后肢前踏，提举较平常高。重度跛行时，快速运动比较困难，甚至不能快速运动。

两后肢同时跛行，头低下，后肢向前方伸，前肢后踏。运步时步幅缩短，患肢很快迈出，步态拙劣，举肢比平常高，后退困难。

同侧的前后肢同时得病时，头部及腰部呈摇摆状态，患马前肢着地时头部高举并偏向健侧，健后肢着地臀部低下；反之，健前肢着地，头低下，患后肢着地时，臀部低下。

对角前后两肢同时得病时，患肢着地，躯体举扬，健肢着地时，颈部及腰部低下。运动过程中，身体呈现起伏状态。

3.实验室检查方法

实验室检测是一种复杂且精细的诊断鉴别工作，为了得到正确的结果，必须遵守严格的操作规程，并熟练掌握各种检验的操作方法、判定根据和注意事项。采取的样品必须有代表性；检测所用的试剂与器材应符合要求，并定期进行检查和校正。要注意消毒工作，污染的器皿应先消毒后洗涤，以防传染性物质的扩散。

（1）血液学检测 物理学检测，即借助物理学方法测定其物理特性，如出血时间、凝血时间、红细胞脆性、红细胞沉降率、血细胞比容等。化学检测，即定性或定量的化学分析方法，检测被检标本各种化学成分，如血红蛋白的测定等。显微镜检测，检查其血细胞的形态及数量的变化，如红细胞、白细胞、血小板、网织红细胞、白细胞分类计数等。自动化仪器检测，随着电子技术的进步，特别是微型计算机的普遍应用，加速了自动化进程，各种类型的自动化、微量化仪器迅速在国内普及，不但提高了工作效率和检验质量，还为临床提供一些较有价值的新参数，如全、半自动血细胞分析仪可为临床提供20项以上的参考指标，同时各种检测试剂盒和检测试纸不断出现，以适应快速诊断的需要。

（2）**消化功能检验** 主要针对胃液的物理化学性质的检查，基本方法就是是指通过应用某些检验方法，如使用显微镜去判断动物的消化和吸收功能。消化不良和吸收不良多继发于消化不良或肠道损伤；消化不良则常为任何一种能改变消化能力疫病的一个症状，如胰酶、胆汁或小肠内其他消化因子的缺乏或不足。

（3）**肝脏功能检验** 肝脏是动物体重要的生命器官之一，已知其功能不下1500多种。它几乎参与体内一切物质代谢，在蛋白质、氨基酸、脂类、维生素、激素等物质代谢中起着重要作用。同时，肝脏还有分泌、排泄、生物转化等方面的功能，是动物体重要的屏障器官。因此，肝脏的病变会引起多种功能障碍。通过生化试验手段了解肝胆功能，对肝胆疫病的鉴别诊断、预后判断及疗效观察有很大的帮助。通常情况下，肝功能状态的实验室检查称为肝脏功能检验，主要包括蛋白质代谢的检验、胆红素代谢的检验、染料摄取与排泄功能检验以及肝功能损害有关的血清酶学检验。

（4）**尿液及肾脏功能检验** 尿液的检验包括三方面的内容，物理学方法即检查其尿量、尿色、透明度、气味、密度等；化学方法测定其蛋白质、葡萄糖、潜血等；显微镜检查尿中的沉渣。在检测过程中尽可量使用新鲜尿液，如果不能即时检测，则需要进行防腐处理。肾脏排泄染料试验主要包括酚红排泄试验和对氨基苯磺酸钠排泄试验。血清肌酐和血清尿素，其检测结果的临床意义用于入肾血流量减少，以及各种原因引起的急慢性肾炎的及时诊断。

（5）**体腔液和分泌物检验** 动物浆膜腔包括腹腔、胸腔、心包腔、关节腔和阴囊鞘膜腔等。生理状态下，浆膜腔含有少量液体，与浆液膜毛细血管的渗透压保持平衡。如血液内胶体渗透压降低、毛细血管内血压增高或毛细血管的内皮细胞受损、淋巴阻塞，都可使浆膜腔内的液体增多，这种因机械作用所引起的液体积聚，称为漏出液，如肾脏病、心脏病、心脏代偿功能减退及静脉循环不良等。因局部组织受到损伤、发炎所造成的积液，称为渗出液，这种液体含有较多的血细胞、上皮细胞及细菌等，按其性质可分为浆液性、纤维蛋白性、出血性、化脓性等数种。物理学检查、化学检查和细胞学检查相结合，可以给出较为合理的诊断结果。

(6) 免疫学检验

① 抗原和抗体的检测　沉淀反应即适量的可溶性抗原和相应抗体在溶液和凝胶中结合后形成的复合物，可称为肉眼可见的不溶性沉淀物。利用该反应进行的血清学试验，称为沉淀试验。根据操作手法的不同，可将沉淀试验分为以下几种：环状沉淀试验、絮状沉淀试验和凝胶状沉淀试验。凝集反应，指某些病原微生物和红细胞等颗粒性抗原抗体结合后，在适量电解质存在下可逐渐聚集，出现肉眼可见的凝集小块。还有，补体结合试验、中和试验、免疫荧光技术、酶联免疫试验和放射免疫测定。

② 细胞免疫功能的测定　细胞免疫也叫作细胞介导免疫时抗原致敏的淋巴细胞引起的特殊免疫反应的表现，与循环抗体无关。对于这种类型的免疫反应，用上述检测抗原或抗体方法，是不能够确定它的状态的，必须应用其他技术，主要分为两大类：体内试验和体外实验。前者包括皮肤试验和腹腔巨噬细胞消失反应等；后者包括玫瑰花环形成试验、巨噬细胞移动抑制试验、白细胞移动抑制试验、白细胞黏附抑制试验、细胞毒性试验等。

(五) 马匹急症检查及护理

当马匹有任何身体不适的症状时，提供给兽医更多有关马匹的日常生活及反常的问题症状等，有助于兽医做出较快速及正确的诊断。提供的情况包括工作性质与生活状态，如饲养方法（在马厩居住或放牧饲养）、平时饮食种类等。若有跛足的情形发生，则应该告知最后一次穿蹄铁的时间。

一般而言，马匹的疼痛表现可作为疫病严重程度的参考，严重的直肠疫病（外观行为可能是激烈的打滚和不安）、急性跛行、窒息、不愿意行走、无行为能力、呼吸困难、外伤造成骨头外露、关节流出干净黄色液体、严重流血、烧烫伤及眼睛伤害应实施急诊。

其他需要兽医注意的包括：轻微腹痛、腹泻、蹄部肌肉紧绷、发烫或肿胀及呼吸急促。超过2cm的伤口需缝合，但穿刺伤或其他伤口，尤其靠近关节处，需要兽医特别注意。

如果请兽医出诊，务必在兽医到达之前先将要诊治的马匹在工作区内备妥。把马从马厩牵来并固定准备好到开始诊治所耽误的时间，对于马匹和兽医而言都是相当宝贵的。

准备给兽医检查前，应将马匹系在干净、清洁过的区域，不要放置任何食物。先清洁并将伤口原先做的处置措施弄清楚，如果是蹄部疫病，应先将护具等物品移除。保定工具要准备在一旁，以备兽医检查痛处时需要额外的固定及控制。若马匹有跛行的问题，可以在硬质无障碍物的地面使其快步行走，以便观察问题所在，帮助确定病因。在怀疑马匹有腹痛的情况下，可提供新鲜的粪便样本给兽医做进一步的检验。

1.疝痛

疝痛的特征为马匹腹部的疼痛，当疝痛发作时会引起剧烈的疼痛，因此，每一例疝痛病例都应该得到重视。

疝痛的特征：马匹不断地起卧、翻滚或者试图这样做。回顾看腹，踢腹或者撕咬，趴在地上。屡做排尿动作却不排尿。精神沉郁，食欲减退。腹泻或者粪便含水量有改变。少量运动便开始出汗。

减少疝痛发生的风险：给马匹提供安全、清洁、温度适宜的饮水。对于日常的饲喂、训练和排便状况要有日常记录。饲喂高质量的饲料（限制谷物饲料的量）。集中饲喂改为一日两餐或多餐。避免在土地尤其是沙地上直接饲喂。确保饲喂的食物没有腐败和发霉。制定一个合适的寄生虫控制计划。

2.传染性疫病

年轻的马或者置于马匹流动性大的地点的马匹，容易感染呼吸系统传染病，如马流感、马鼻肺炎、马腺疫。这些传染病可以经空气传播，通过马与马之间鼻子的接触，或者通过接触病马的手、马具（水槽、食桶以及梳理用具），一些传染病也可以经隐性携带的马匹传播。

传染性疫病的症状包括发热、昏睡、鼻分泌物增多、下颌淋巴结肿胀（尤其在马腺疫）。马匹感染病毒后，由感染到发病的时期称为潜伏期，一般随着病毒的不同，潜伏期为几天到两周不等。延长染病向马匹的休息时间，对避免其他慢性疫病的产生很有必要，如果处理得当，许多马匹最终是可以恢复的。否则，有些马匹上可能会引起威胁生命的并发症。马匹如果出现了感染呼吸系统传染病的症状，应该严格隔离并且停止使役，一直到诊断和治疗方案制定出来。

3. 牙齿护理

大多数牙齿问题都会导致疼痛和其他马福利问题，比如体重减轻。马匹的牙齿至少每年要做一次检查，如有必要的话做合理的治疗（挫牙），小马驹和老马及那些有牙齿问题的马需要更频繁地进行牙齿检查。正确高质量的牙齿护理可以使马匹吃得好，表现出色，更健康。

牙齿出现问题时的一些症状：不明原因的体重减轻；食物从口中掉出；不愿进食或进食缓慢；咀嚼时出现不正常的头歪斜；粪便中出现大量长纤维；由于疼痛拒绝受衔和受缰；面颊部或上下颌出现肿胀；流涎（大量的唾液分泌）；口内和鼻孔内有异味。

马匹出现牙齿问题时应采取的措施：① 马匹出现牙齿问题的症状应该立即检查和治疗；② 牙齿的护理工作应该由兽医来完成，或者在兽医的监视下进行。

推荐做法：至少每年进行一次牙齿健康检查，对于个别牙齿有问题的马匹应尽量每年多次检查。

4. 跛行

跛行是重要的马福利问题，基于这一点，它被定义为由疼痛和不适引起任何马匹步态的改变。跛行在马可以表现为运动表现的改变和不愿走动，点头和髋关节上提，步态的改变可以从迈步、直线运动和打圈来评估，跛行较轻微时可采用快步检查。

为了确定合适的治疗方案，找到跛行的原因至关重要，良好的检查和诊断不仅可以提高马的福利，节省时间和金钱，并且能有效地避免进一步的损伤。

治疗跛行的手段有很多种，包括休息，药物治疗，手术治疗和矫正蹄铁和修蹄，恢复性训练和镇痛等。一般不推荐使用烧烙及类似的方法，因为这些方法治疗的过程本身就会引起剧烈的疼痛，而且缺乏明确的依据来证明这样做是有效的。应该通过改善饲养管理和使役量以及通过正确有效的方法来治疗。

以下方法可以降低跛行发生的风险：在制定马匹工作计划时，应该考虑马匹的身体状况和耐受程度；确保未成熟的马驹不要进行超负荷的工作；在工作间隙给马匹提供合适的休息时间；确保定期进行蹄部护理；对于小的蹄部损伤要给予足够长的休息时间；咨询兽医关于引起跛行的确切原因和有效的治疗方法。

5. 蹄叶炎

蹄叶炎是一种由蹄部感染引起蹄部剧烈疼痛、不正常生长和跛行的严重蹄部疫病，如果不进行治疗或者治疗不当，蹄叶炎可以导致蹄结构的永久性改变，畸形步态和持续或间歇性蹄疼痛。蹄叶炎引起的疼痛可以非常严重，以至于不得不对马匹进行安乐死。

已知的或者怀疑引起蹄叶炎的原因包括精料饲喂过多、肥胖、严重的感染（如严重腹泻）、马属动物代谢综合征、马属动物库欣综合征及严重的蹄部震荡。饮食在蹄叶炎的诱因中占有重要地位，尤其是吃青草过多或高单糖、淀粉和果糖的摄入。

严重蹄叶炎的症状包括：跛行（包括运步小心谨慎，步态倾斜一侧）；蹄温升高，指（趾）动脉亢进（系部和球节部位）；前肢伸展，重心移至臀部；不愿抬腿。要求对患蹄叶炎的马进行长时间的护理和治疗，包括药物治疗、饮食管理和蹄部护理。

通过以下方法来减少蹄叶炎的风险：不让马吃得过胖，确保它们有理想的体膘度评分，饲喂时不要超过其能量需求；确保任何饮食的改变都要循序渐进；限制有蹄叶炎风险的马匹进食太多青草；储存好精料，确保马匹不能轻易得到，如果马匹偷食了储存在仓库的饲料，直接联系兽医，不要等到蹄叶炎出现才联系兽医。对于已经患有蹄叶炎的病马要咨询兽医是否需要特殊的照看，曾经得过蹄叶炎的马再次复发或者转为慢性蹄叶炎的风险也会增加；兽医和钉蹄师共同确定用何种特殊蹄铁和钉蹄策略协助治疗。

6.蹄部护理（修蹄）

俗语说"无蹄则无马"，为了实现马全身的健康和长期的蹄部与腿的可靠性，定期的蹄部护理非常有必要。所有的马，包括驴和骡，需要定期进行蹄部护理，但不是所有的马需要装蹄铁。当马蹄过度生长时，为了舒适或者正常的马步，就需要装蹄铁。尽早为马驹修整腿和蹄的偏差是有效的。由于忽视和过度生长，所有蹄和腿的偏差都会变得更糟糕。

清理蹄也是很重要的，特别是预防蹄叉腐烂，检查蹄部是否有其他可能造成损伤的物质。蹄叉腐疽是一种由细菌和酵母类的真菌感染造成的。蹄叉腐疽时，蹄叉会发出恶臭气味，黑油灰状的蹄叉（蹄叉在蹄肘上，在中心形成一个"V"形）。定期清理蹄部以阻止蹄叉腐疽的发展，使暴露的地方通气。

维持马蹄部健康的方法：通过定期的修整/装蹄铁可以防止蹄部患病。使围栏里有一个干净、干燥、无灰尘的环境。提供充足的营养和锻炼。在锻炼和骑行前，清理蹄部，理想的是每日定期清理一次。避免过度打磨蹄部。在需要时用蹄部保湿剂和固化剂。

要求：蹄部必须经常修整/装蹄铁来维持蹄部在功能状态。不管有没有装蹄铁，蹄部不应该长到会造成损伤的程度或者使马感到不舒服。

推荐做法：确保蹄铁工或者其他人是有技术的；训练马习惯修整蹄部和装蹄铁；确保幼驹不到一个月的时候进行第一次的蹄部检查，定期检测幼驹蹄的偏差；确保每5~8周给马做一次合适的修整和装蹄铁（包括修整和重新安装），不同个体的需求（取决于年龄、活动量、营养和品种）；咨询蹄铁工和兽医如何控制蹄叉腐烂。

二、常用治疗技术

（一）给药方法

马匹的保健和防疫灭病离不开药物的使用，给药方法（途径）对于药物的吸收时间、程度和浓度等影响较大。为了达到预期效果，必须了解药物以及其给药方法。常见给药方式有经口给药，注射给药，经皮肤、黏膜给药。

1. 经口给药

本法是常用的给药方法，其特点是方便、安全、药物损失少，适用于大多数药物特别是中草药物。但经口给药易受胃内条件及内容物的影响，吸收缓慢又不规律。所以，在马匹病危、呕吐、有胃肠和口腔疾病以及昏迷时，不能采用这种方法给药。经口给药方法主要分为灌服给药、饮服给药、混饲给药及其他。

（1）**灌服给药**　适用于中草药汤、糊剂和其他药物水剂等部分药物。给药器具多为角质或铜质灌角、灌药瓶、小水壶、胃导管以及洗球等。

（2）**饮服给药**　又称饮水给药，是将药物按计算好的剂量混于水中，在动物饮水时一同将药物服入的给药方法。应用该方法要首先计算好剂量和浓度并充分混匀，安排好饮服的时间，并要在饮服前对马匹控制饮水，以使其能够饮服足够数量的含药饮水。饮服的器具一般可采用适度大小的水槽、水桶等。

（3）**混饲给药**　即将某些药物按要求的剂量混入饲料中，让马匹在采食时将药物食入。适用于土霉素、维生素、微量元素以及部分驱虫药品等。应用混饲方法给药，一定要计算好剂量，并采取分级混合的办法，把药物混均匀，防止药物中毒。

（4）**其他经口给药方法**　在马匹保健中，兽医人员还采用涂抹、器械投入以及让马匹自由采食等方法，经口给马匹投药。如应用药匙、竹板往口腔内涂抹口服补液盐膏状药物等，用投药器投入阿苯达唑乳剂或片剂等。

2. 注射给药

注射给药是通过注射器材将不能口服或口服有困难或在胃肠内不能吸收的某些药物的针剂，注入马匹的静脉、肌肉、皮下、皮内、气管、腹腔或某些器官内的给药方法。应用该方法给药，药物吸收得迅速、充分，操作方便。常用的方法主要有静脉注射、肌内注射和皮下注射。

（1）**静脉注射** 即利用不同规格的注射器和针头，将某些符合注射要求的药物针剂，注射到马匹较方便、明显的静脉中的给药方法。一般在治疗危急患病马匹或注射刺激性较强、数量大的药物时多用。如给马注射磺胺类和葡萄糖注射液等药物时，应采用静脉注射。静脉注射要求条件比较高，除要求注射人员有熟练的技术和无菌观念外，还要求注射的药物必须澄清、无杂质、无异物、不混浊，不得是混悬液、油溶液或不能与血液相混合的、或能引起溶血和凝血的药物。

（2）**肌内注射** 是指应用注射器材将符合技术要求的某些针剂药物，注射到肌肉发达、神经稀少且毛细血管丰富的肌肉中的给药方法。如通常的疫苗、青霉素、链霉素、部分油剂、混悬剂及有刺激性药物注射，多采用该给药方法。其注射部位通常在臀部和颈部肌肉。在肌内注射时除要求无菌操作外，还应防止马匹肌肉紧张而将针头折断于肌肉之中。

（3）**皮下注射** 是用注射器材将某些非油类、非刺激性的药物针剂，注射到皮下结缔组织较丰富部位的皮下结缔组织中的给药方法。皮下注射方法可使药物经毛细血管、淋巴系统吸收，其浓度均匀，作用缓慢、持久。注射部位一般多在颈侧或股内侧的皮下。

3. 经皮肤、黏膜给药

马匹的皮肤和黏膜分布有丰富的毛细血管，可吸收一定数量的药物，并使其在局部发挥药效。该方法主要有擦洗、涂抹、喷雾、撒布、滴鼻和浇泼等方式。一般多用于外科治疗以及传染病、寄生虫病的防治等，应用该种给药方法，必须注意药量、药物作用的部位、时间和面积等，防止出现中毒和药量不足、时间不够等问题。

应根据防治目的、药物种类、病例情况、给药器械等情况，进行选用。但不论采用哪种给药方法，都应严格遵守技术规程。

（二）治疗方法

根据马匹发病原因，以选择合适的治疗方法，可抑制病马向体外排毒，并促进病马康复。治疗措施包括：病原治疗、对症治疗、一般治疗、支持康复疗法等。

1.病原治疗

本法可清除病原体，达到根治和控制传染源的目的。常用药物有抗生素、化学治疗药物、血清免疫制剂等。现有的药物主要对细菌性传染病和寄生虫病有较好疗效，而针对病毒的药物种类少且疗效尚不够理想。

（1）**抗生素疗法** 主要针对细菌性传染病。选用抗生素时，一要严格掌握其适应证；二要参考药物敏感试验；三要注意患马的药物过敏史。使用抗生素时，用量适当，疗程充分，密切观察不良反应。

（2）**化学药物疗法** 本法在治疗中占有重要地位。氟喹诺酮类及磺胺类药物还广泛用于治疗细菌性感染。

（3）**血清免疫制剂疗法** 本制剂包括白喉和破伤风抗毒素、干扰素、干扰素诱导剂等，缺点是易引起过敏反应，应详细询问病马既往有无血清注射史，并做皮肤敏感试验。对血清过敏者，可采用小剂量逐渐递增的脱敏方法。

2.对症治疗

对症治疗可减轻疫病对机体的损害，在有生命威胁时和无有效病原治疗措施时尤其重要。高热时采取各种降温措施，脑水肿时采取脱水疗法，抽搐时采用镇静措施，心力衰竭时采取强心措施，休克时采取改善微循环的措施，严重毒血症状可配合使用肾上腺皮质激素疗法等。

3.一般治疗

一般治疗包括隔离、护理等治疗。根据传染病的传播途径和病原体排出方式和时间，对患马采取相应的隔离与消毒措施。良好的护理、密切观察病情变化、正确执行各项诊断与治疗措施等，可增加患马战胜疫病的概率。

4.支持康复疗法

本法有助于病马的康复，如提供合理的营养、维持水与电解质的平衡等。必要时可使用增强患马体质和免疫功能的各种血液和免疫制品。

（三）中医针灸

针灸是中兽医临床上最常用的诊疗方法之一，由于其具有操作简便，针具简单，携带方便，针术要领易掌握，疗效显著，费用低，易于推广的特点，深受人民群众的欢迎。

1.临床应用范围

多种胃肠疫病，尤其是在马属动物消化不良、急性胃扩张、冷痛、结症、肠臌气等病的发病初期，白针主穴群治、配穴群治均可收到立竿见影的效果。眼疫病，如眼结膜炎以及其他炎性眼疫病，针刺太阳穴，可使病症明显减轻。不明原因的急性中毒、出血、破伤风等病症，可立即放静脉、尾尖、耳尖血，出血针刺断血穴，可使病情明显转缓。不明原因的不食、食欲不振等消化不良疾病，可针刺玉堂、通关（血穴），能增强脾胃功能，促进食欲恢复正常。患感冒的初期，针刺鼻俞（马，血针）结合针刺玉堂、通关、耳尖、姜牙，也可将疫病治愈。一般四肢扭伤、腰胯闪伤、瘫痪、风湿症等，可血针主穴百会、抢风，配穴六眼、六脉和灵台，均能收到较好的疗效。

2.技术操作要领

让马匹站立保定在安静、光线充足处，按病症选中穴位，剪毛消毒。掌握针刺深度，确定针灸用针的长短、粗细、数量，针上用酒精涂擦消毒。

术者站在患马的右侧，以左手的食指按压选定的穴位，右手的拇、食、中指掐住针柄，将圆利针垂直于穴位，并迅速刺入。为了加强刺激，可按病情轻重捻动针柄，以达到治病的疗效。病重时，捻动针柄360°，并连续捻转，让患马挣扎，直至患马出汗时拔针。一般停留2～5min后取出，用碘酒消毒扎针孔。

针前要根据血管粗细，选好大、中、小宽针或三棱针。大型马大血管如颈静脉，用大宽针；中小型马的粗血管用中宽针，如放尾尖、耳尖血等；大中型马的三江、过梁、太阳、姜牙、玉堂、通关等穴，可用小宽针或三棱针等。在扎针时，针尖要和血管相平行的方向，拇、食、中指控制针尖刺入的深度，将针尖向前下方用力刺入，再向上挑一下，血管挑破血就可流出来。

3.其他针灸范畴

其他针灸范畴包括：水针、按摩、耳针。水针是针刺穴位得气后向穴位注入一定药液的疗法。它是通过针刺、液压及药物对穴位作用，来调整机体和改变病理状态，从而达到治疗疫病的目的。按摩疗法是运用手及手指的各种按摩技巧，在患马体表的一定穴道上，连续施以不同强度和形式的机械性刺激，而达到防治疫病的一种方法。捶法是按摩的主要手法之一，它是手握空拳轻轻捶击患部或穴位处，手法较重，有宣通气血和兴奋神经的作用。用针刺（扎）耳上的穴位称耳针，以此达到治疗疫病的方法称耳针疗法。

（四）温热疗法

本法通过"热"这种物理性刺激使体表升温而加强血液循环的治疗方法。血液温热后，热能传送到全身各组织、各器官，发挥其温热功效，使遇温热的血管扩张，血液通畅，恢复其弹性。同时，温热可促进血管中的血脂、尿酸晶和有害物质加快由排泄系统排出。降低血黏度、血流加速，因此，对各种寒症、痛症及因血液循环障碍所引起的病症具有直接的缓解和治疗作用。

1.石蜡油热疗法

（1）**材料与方法**　石蜡油50～1000mL，装入热水袋内，放进90℃热水盆中加热15min，这时袋内石蜡油温度约65℃。将患马百会剪毛，敷上热石蜡油袋，每次2h，每天1次，直到治愈。

（2）**操作注意事项**　必须把热石蜡油袋紧紧固定在百会上，以利热的传导和保持局部热度；热石蜡油袋的温度不得低于50℃，过低达不到疗效，也不要超过85℃，以免烫伤皮肤；百会热敷以2h左右为宜，时间过短会影响疗效。

（3）疗效比较　石蜡油热疗法与中兽医传统的三种温热疗法比较，它的热度稳定持久，操作简便，见效快。石蜡油热疗法确有通经络、祛风湿、消癣止痛的功效。

2.透热与超声疗法

肌腱损伤是竞赛动物的一种常见病。它影响动物运动，拖延治疗则会导致废弃性的肌腱萎缩症。短波透热和超声疗法常用于治疗各种肌腱损伤。

根据肌腱的损伤部位、性质，采取不同的超声治疗强度和时间。对于肩部与膝关节的慢性损伤，常选用$1W/cm^2$，每次6min，治疗3天，或者$0.8W/cm^2$，每次1min，治疗4天；对于掌部急性骨膜炎、因血肿右股急性肿肛和桡尺骨伸肌损伤，常选用$0.5W/cm^2$，每天1次，每次8min，连续治疗5天。

对股部肌肉损伤和肌腱损伤给予透热疗法证明是十分有效的。透热引起组织温度升高，对感觉神经纤维有镇痛作用，从而产生止痛与肌肉松弛。短波透热对腱炎和扭伤引起的慢性跛行也是有效的。对马的急慢性肌肉疾病的治疗经验均证明，超声疗法比常用的温热疗法效果更好。

第三节　疫病防疫

一、防疫原则

马饲养场应坚持预防为主、加强监测的防疫原则，严格执行饲养管理、防疫卫生、预防接种、检疫、隔离、消毒等综合性防疫措施，以提高马匹的健康水平和抗病能力，控制和杜绝传染病的传播蔓延。

（一）防疫制度

1.防疫工作内容

马的疫病防控以内科病和外科病为主，也要加强传染病的防控。

平时的预防措施包括：加强饲养管理，搞好卫生消毒工作，增强马匹的抗病能力；制定和执行定期预防接种和补种计划；定期驱体内外寄生虫，进行粪便的无害化处理；认真贯彻执行常规防疫、检疫工作，做到疫病的及时发现和治疗。

对于传染病的控制重点，则是切断造成疫病流行的传染源、传播途径和易感动物这三个基本环节及其相互联系。在采取防疫措施时，要根据每个传染病在每个流行环节上的不同特点，分轻重缓急，找到针对性的重点措施，以达到在较短时间内以最少的人力、物力，预防和控制传染病的流行。

2.疫病上报制度

马在饲养过程中，应加强疫病上报制度。对于普通病，应以治疗为主，如能及时治愈则无需上报。如果久治未愈，或发生疑难杂症，或发生传染性疫病，则应及时向主管领导报告，以便及时开展专家会诊或转院治疗，对于传染性疫病，则需及时开展疫病的防控和消灭工作。

报告内容：普通疫病应报告疫病发生和治疗的情况。传染性疫病则应报告疫情发生的时间、地点；染疫或疑似染疫马匹数量、同群马匹数量、免疫情况、临床症状、诊断情况；已采取的控制措施等。

3.隔离制度

马一旦发生疫病，则应严格执行隔离制度。将不同健康状态的马匹严格分离、隔开，完全、彻底切断其间的来往接触，以防疫病的传播蔓延。

（1）普通疫病　及时将患病马匹隔离饲养，对症治疗。康复后取消隔离，迁回原厩舍饲养。

（2）传染性疫病　应及时查明病因，并对其他马匹逐头检测临床症状，必要时进行实验室诊断。根据诊断结果，对患病马匹和可疑马匹采取以下措施。

① 患病马匹 应选择不易散播病原体、消毒处理方便的场所和厩舍进行隔离。特别注意严密消毒，加强卫生和护理工作，必须专人看管和及时进行治疗。隔离场所禁止闲杂人员和马匹出入和接近。工作人员出入应遵守消毒制度。隔离区内的用具、饲料、粪便等，未经彻底消毒处理，不得运出。隔离观察时间的长短，应根据患病马匹带、排菌（毒）的时间长短而定。

② 可疑马匹 未发现任何症状，但与患病马匹及其污染的环境有过明显的接触，如同群、同厩舍、使用共同的水源、用具等。这些马匹有可能处于潜伏期，并有排菌（毒）的危险，应在消毒后另选地方将其隔离、看管，限制其活动，详细观察，出现症状的则按患病马匹处理。有条件时应立即进行紧急免疫接种或预防性治疗。隔离观察时间的长短，根据该种传染病的潜伏期长短而定，经一定时间不发病者，可取消其限制。

4.档案管理制度

马管理应严格执行档案管理制度，除马匹基础信息外，应建立防疫档案，档案应包括以下内容：马匹的来源和进出场日期、繁殖记录；饲料、饲料添加剂等投入品和兽药的来源、名称、使用时间和用量等相关情况。检疫、免疫、监测、消毒情况；马匹发病、诊疗、死亡和无害化处理情况。

（二）防疫设施

马饲养场应具备完备的防疫设施，包括：隔离墙、消毒池和消毒室、兽医室等，以确保马在饲养期间的无疫健康。各类防疫设施要求如下。

1.隔离墙

马饲养场周围要设置隔离墙，可以用砖墙结构的围墙，要求墙体严实，高度2.5～3m。沿场界周围挖1.7m深、2m宽的防疫沟，沟底和两壁硬化并放进水，沟内侧设置1.5～1.8m的铁丝网，避免闲杂人员和其他动物随便进入饲养场。

2.消毒池和消毒室

（1）大门消毒池 一般设置在饲养场大门处，供出入的车辆通过时消毒使用。消毒池的宽度一般为进入处的宽度，长度不得短于进入本场的最大车辆车轮的2.5m周长，深度不少于10cm，不留阶梯。此处常见的消毒设施有消毒池、喷洗消毒、大型消毒房。

（2）**消毒室**　一般设在大门口门卫室旁边，对进入场区的人员进行消毒。此处常见的消毒设施有紫外线消毒、超声波消毒、负离子臭氧消毒、红外线感应喷淋消毒。

（3）**消毒更衣室**　供进入马饲养区的人员使用。工作人员先换好专用的工作服和鞋子，进入消毒通道，从消毒池中通过；外来人员需在消毒房内洗澡、更衣、换鞋、消毒后方可进入场区。此处应设有消毒池通道、更衣间、洗浴室、消毒柜。

（4）**小型消毒池**　一般设置于马厩门口，供出入马厩的人员消毒鞋底使用，深度一般不少于10cm。

3. 兽医室

马饲养场应建立兽医室，兽医室所配备的医疗仪器、设备和药品需满足马的基本医疗需要。

（三）防疫人员

1. 防疫人员要求

防疫人员应身体健康，具有兽医专业知识，并经过马匹饲养和管理方面的培训，通过培训掌握马匹防疫相关知识，掌握正确的卫生消毒程序等，了解并遵守马饲养场的相关管理制度。

2. 人员管理

① 马饲养场内实行严格的人员管理制度，所有工作人员必须佩戴证件，证件需包含工作人员职能相关信息，如饲养员、驻场兽医等。

② 进入马饲养场的工作人员在生活区洗澡更衣消毒后进入饲养区。禁止与检疫无关的闲杂人员进入马饲养场。

③ 除饲养员或驯练员外，其他工作人员不能直接抚摸马匹，每次接近马之前，必须先洗手，穿专用的工作服、工作鞋。

二、疫苗与免疫程序

免疫指生物机体识别和排除抗原物质的一种保护性反应，是机体的一种生理功能，机体依靠这种功能识别"自己"和"非己"成分，从而破坏和排斥进入机体的抗原物质，或机体本身所产生的损伤细胞和肿瘤细胞等，以维持机体的健康。

（一）疫苗

疫苗是用细菌、病毒等制成的可使机体产生特异性免疫的生物制剂，通过疫苗接种使接受方获得免疫力。

1. 疫苗的分类

疫苗种类较多，主要有弱毒疫苗、灭活疫苗、单价疫苗、多价疫苗、多联疫苗、同源疫苗、疫源疫苗、基因重组疫苗、亚单位疫苗、基因缺失苗和核酸疫苗等。

2. 疫苗贮藏和运输

（1）贮藏温度　冻干活疫苗：分-15℃和2～8℃保存两种，前者加普通保护剂，后者加有耐热保护剂。

灭活疫苗：分油佐剂、蜂胶佐剂、铝胶佐剂和水剂苗。一般在2～8℃贮藏，严防冻结，否则会出现破乳现象（蜂胶佐剂苗既可2～8℃保存，也可-10℃保存）。

（2）避光与防潮　所有生物制品都应严防日光暴晒，贮藏于冷暗、干燥处。

（3）运输　要妥善包装，避免日光暴晒，尽量缩短运输时间，采取防震减压等措施，以防止生物制品受到破损。

（二）免疫

1. 免疫接种类型

免疫接种分为预防接种、紧急接种和临时接种。

（1）预防接种　为控制动物传染病的发生和流行，减少传染病造成的损失，根据一个国家和地区传染病流行的具体情况，按照一定的免疫程序，有组织、有计划地对易感动物群进行疫苗接种。

（2）**紧急接种** 某些传染病暴发后，为迅速控制和扑灭该病的流行，对疫区和受威胁区尚未发病动物群进行的免疫接种。

（3）**临时接种** 在引进或运出动物时，为了避免在运输途中或到达目的地后，发生传染病而进行的预防免疫接种。

2.免疫接种注意事项

（1）**注意无菌操作** 注射器及针头需蒸煮灭菌、高压灭菌或使用一次性注射器。针头大小要适宜，若过短、过粗，拔出针头时，疫苗易顺针孔流出，或将疫苗注入脂肪层；针头过长，易伤及骨膜、脏器。

（2）**注意动物健康状况** 为了保证免疫接种动物安全和接种效果，接种前后了解预定接种动物的健康状况。

只有健康动物方能接种：体质瘦弱的马匹接种后，难以达到应有的免疫效果。当马群已感染发病时，注射疫苗可能会导致死亡；对处于潜伏期、感染期的马匹易造成疫情暴发。

幼龄和孕前期、孕后期的动物，不宜接种或暂缓接种疫苗：由于幼驹免疫反应较差，可从母体获得母源抗体，疫苗易受母源抗体干扰，所以初生马驹不宜免疫接种；怀孕期的马匹，应谨慎接种疫苗，以防引起流产。

3.接种疫苗后的不良反应

免疫接种后，要观察免疫动物的饮食、精神等状况，并抽检体温，对有异常表现的动物应予登记。

（1）**正常反应** 疫苗注射后出现短时间的精神不好或食欲稍减等症状，属正常反应，一般可不作任何处理，自行消退。

（2）**严重反应** 常见的反应有震颤、流涎、流产、瘙痒、皮肤丘疹、注射部位出现肿块、糜烂等综合症状，最为严重的可引起免疫动物的急性死亡。如产生严重的不良反应，应采用抗休克、抗过敏、抗炎症、抗感染、强心补液、镇静解痉等急救措施。对局部出现的炎症反应，应采用消炎、消肿、止痛等处理措施；对神经、肌肉、血管损伤的病例，应采用理疗、药疗和手术等处理方法。对合并感染的病例用抗生素治疗。

（三）免疫程序

马匹接种的常见程序见表1-1。

表1-1 马匹接种的常见程序

免疫时间及免疫月龄	疫苗种类	免疫方法	备注
1月龄以后	马流产沙门菌弱毒疫苗	皮下注射	30日龄首免，离乳后二免
	流行性淋巴管炎T21-71弱毒疫苗	皮下注射	疫区使用。免疫保护期3年
	无荚膜炭疽芽孢苗	皮下注射	近3年有炭疽发生的地区使用。一年加强一次
	马流行性感冒疫苗	颈部肌内注射	首免28天后进行第二次免疫。以后每年注射一次
	破伤风类毒素	皮下注射	间隔6个月加强一次。发生创伤或手术有感染危险时，可临时再注射一次
	马病毒性动脉炎弱毒疫苗	肌内注射	我国尚无该病发生。美国推广使用HK-131、RK-111/Bucyrus弱毒苗
幼驹在3月龄和6月龄各接种1次	马传染性鼻肺炎弱毒活疫苗	皮下注射	母马妊娠2～3个月和6～7个月各免疫一次
离乳前幼驹	马腺疫灭活苗	皮下注射	间隔7天加强一次，免疫期6个月
断奶后、蚊蝇出现前3个月	马传染性贫血驴白细胞弱毒疫苗	皮下注射	疫区使用。以后每年加强一次
每年4月底至5月初	乙脑疫苗	皮下注射	1年免疫1次

三、消毒

（一）消毒制度

消毒是应用适宜的化学药剂来消灭病原微生物的措施，以切断微生物、细菌的传播，是有效预防马匹感染疾病的方法。

（二）消毒种类

根据防治传染病的作用及其持续的时间，可将消毒分为预防性消毒、临时消毒和终末消毒三种。预防性消毒与有无疫病无关，而临时消毒和终末消毒则是在发生传染病或疑似传染病时进行。因此，后两种消毒又称为疫区消毒。

（1）**预防性消毒** 结合平时的饲养管理，定期地、反复地对牧场、厩舍、马匹集聚场所、鞍挽具、管理用具和饮水用具等进行全面的消毒，以达到预防一般传染病的目的。

（2）**临时消毒** 在发生传染病时，为及时消灭刚从病马体内排出的病原体而采取的消毒措施。消毒对象包括病马所在的畜舍、隔离场地以及被病马分泌物、排泄物污染和可能污染的一切场所、用具和物品，通常在解除封锁前，进行定期的多次消毒，病马隔离舍应每天和随时进行消毒。

（3）**终末消毒** 在病马解除隔离、痊愈或死亡后，或者在疫区解除封锁之前，为消灭疫区内可能残留的病原体所进行的全面彻底的大消毒。一般情况下，终末消毒只进行1次。

（三）消毒对象

（1）**马房** 马房作为负责饲喂及训练马匹的特殊部门，有序的日常消毒工作可为马匹营造干净、卫生的生活环境，降低疫病对马匹的危害，以确保马匹的健康和正常训练。根据马房的实际需要及季节变化，兽医通过拟订合理的药品配比，制订消毒流程及实施标准，对马房定期进行消毒。

马房除保持干燥、通风、冬暖、夏凉以外，平时还应做好消毒。首先应进行机械清扫，然后用消毒液喷雾或用刷拭用具刷洗消毒。马舍及运动场应每周消毒1次，为求没有遗漏地进行全面消毒，可先消毒地面，然后消毒墙壁、隔木、天棚、饲槽等。有严重污染处，还需用长柄刷子蘸取消毒液充分刷洗。整个马舍用2%～4%氢氧化钠溶液消毒或用1：（1800～3000）的百毒杀带马消毒。

（2）**入场** 马场大门设消毒池，经常补充4%氢氧化钠溶液或3%过氧乙酸等。场内设消毒室，室内两侧、顶壁设紫外线灯，地面设消毒池，用麻袋片或草垫浸4%氢氧化钠溶液，入场人员要更换鞋，穿专用工作服，做好登记。在病马舍、隔离舍的出入口处应放置浸有4%氢氧化钠溶液的麻袋片或草垫,以免病原扩散。

(3)地面 土壤表面可用10%漂白粉溶液、4%福尔马林或10%氢氧化钠溶液消毒。停放过芽孢杆菌所致传染病(如炭疽)病马尸体的场所,应严格加以消毒。首先用上述漂白粉溶液喷洒地面,然后将表层土壤掘起30cm左右,撒上干漂白粉与土混合,将此土妥善运出掩埋。

(4)粪便 马的粪便消毒方法有多种,最实用的方法是生物热消毒法,即在距马场100～200m以外的地方设一堆粪场,将马粪堆积起来,喷少量水,上面覆盖湿泥封严,堆放发酵30天以上,即可作肥料。另外,针对炭疽、气肿疽等疫病,还可进行焚烧或化学法消毒。

(5)污水 最常用的方法是将污水引入处理池,加入化学药品(如漂白粉或其他氯制剂)进行消毒,用量视污水量而定,一般1L污水用2～5g漂白粉。

(6)水 水的消毒有两种方法:一种是物理消毒法,如煮沸、紫外线照射、超声波、高频率电流等,通常采用煮沸法;另一种是化学消毒法。对于浑浊的原水,应用过滤或沉淀法予以净化。

第二章　内科病

第一节　消化系统疾病

一、口炎

口炎是口腔黏膜炎症的统称,包括舌炎、腭炎和齿龈炎。按炎症性质分为卡他性、水泡性、溃疡性和蜂窝织性口炎等类型。临床上以采食障碍、口腔黏膜潮红肿胀、流涎为特征。

【病因】

理化性因素　物理性病因包括外伤、烫伤、药物的错误投食等。化学性病因包括刺激性物质,特别是酸性和碱性物质使用不当,如外用药物涂布体表马舔食而引起。

生物性因素　包括细菌性、真菌性因素等。细菌性病因引起口炎多表现坏死,并出现溃疡或化脓,常发生细菌混合感染,多见于外伤感染,有时可继发于胃肠病和其他传染病过程中。病毒性口炎见于丘疹性口炎,真菌性口炎的大多数病例由念珠菌属的真菌和采食霉变饲料引起的。

营养代谢性因素　见于维生素B_2、维生素C、烟酸、锌等营养缺乏症,慢性疾病如佝偻病、贫血、维生素A过多症等。

其他因素　邻近器官的炎症,如咽、食管、唾液腺等;消化器官疾病的经过中,如急性胃卡他等。

【症状】

任何一种类型的口炎,都具流涎,口角附着白色泡沫;采食、咀嚼障碍,采食柔软饲料,而拒食粗硬饲料;口黏膜潮红、肿胀、疼痛,口温增高等共同症状。有些病例尤其是传染性口炎伴有发热等全身症状。其他类型口炎,除具有卡他性口炎的基本症状外,还有各自的特征性症状。

卡他性口炎　口黏膜弥散性或斑块状潮红,硬腭肿胀;唇部黏膜的黏液腺阻塞时，则有散在的小结节和烂斑；当由植物芒或尖锐异物所致的病例，在口腔内的不同部位形成大小不等的丘疹，其顶端呈针尖大的黑点，触之坚实、敏感；舌苔为灰白色或黄白色。

水泡性口炎　在唇部、颊部、腭、齿龈、舌面的黏膜上有散在或密集的粟粒大至蚕豆大的透明水疱，2～4天后水疱破溃形成鲜红色烂斑。间或有轻微的体温升高。

溃疡性口炎　马发病初表现为门齿和犬齿的齿龈部肿胀，呈暗红色，疼痛，出血。1～2天后，病变部变为淡黄色或黄绿色糜烂性坏死，流涎，混有血丝带恶臭。炎症常蔓延至口腔其他部位，导致溃疡、坏死甚至颌骨外露，散发出腐败臭味，通常体温升高。

蜂窝织性口炎　口腔黏膜上有大小不等的糜烂、坏死和溃疡，口内流出灰色不洁的恶臭唾液。当炎症蔓延到咽喉部时，咽喉部淋巴结肿大，病马拒食并伴有一定的全身性症状；当炎症蔓延至颌下、咽后及气管时，则病程延长，多预后不良。

【诊断】

根据外观临床症状，初步诊断。原发性口炎，根据病史及口腔黏膜炎症变化，可做出诊断。继发性口炎应根据流行病学、病史、症候群以及特殊检查结果进行确诊。

原发性口炎经过积极治疗，一般预后良好。继发性口炎的预后视原发病而定。

注意与有流涎症状的疾病如咽炎、食管阻塞、有机磷中毒等疾病进行鉴别。

【防治措施】

治疗原则　消除病因，加强饲养管理，净化口腔，收敛与消炎和对症治疗。

消除原因，主要是鉴别口炎发生的原因，消除和处理原发性的病因，尤其是饲养管理所导致的口炎。

净化口腔、消炎、收敛　可用1%食盐溶液或2%硼酸溶液、0.1%高锰酸钾溶液洗涤口腔；不断流涎、口腔恶臭时，可选用1%明矾溶液或1%

鞣酸溶液、1%过氧化氢溶液、0.1%黄色素溶液、氯己定（0.2%洗必泰）、聚烯吡酮碘（1∶10）冲洗口腔。溃疡性口炎，病变部可涂擦10%硝酸银溶液后，用灭菌生理盐水充分洗涤，再涂擦碘甘油（5%碘酊1份、甘油9份）或2%硼酸甘油、1%磺胺甘油于患部，肌内注射维生素B_2和维生素C。

病情严重时，除口腔的局部处理外，要及时选用抗菌药物、抗病毒药物和抗真菌药物进行全身治疗和营养支持疗法。对传染性口炎，重点是治疗原发病，并及时隔离，严格检疫。

加强饲养管理，病畜饲养在卫生良好的厩舍内，给予柔软而易消化的饲料，以维持其营养。对于不能采食或咀嚼的马，应及时补糖输液，或者经胃管投给流质食物，及时补充B族维生素、维生素A和维生素C等。

二、胃肠炎

胃肠炎是胃肠黏膜表层和深层组织的重剧性炎症。按炎症性质分为浆液性、出血性、化脓性、纤维素性胃肠炎。按病程可分为急性和慢性胃肠炎；按病因分为原发性胃肠炎和继发性胃肠炎。临床上胃肠炎以严重的胃肠功能紊乱、脱水、自体中毒或毒血症为特征。

【病因】

原发性因素主要是饲养管理不当。采食霉变饲料或不洁饮水；采食了有毒植物，如蓖麻、巴豆、刺槐和针叶植物的皮及叶等；误食（饮）有强烈刺激或腐蚀性的化学物质，如酸、碱、砷、汞、铅、磷以及氯化钡等；马厩舍阴暗潮湿、卫生条件差、气候骤变、车船运输、过劳、过度紧张、马机体处于应激状态，受寒感冒，机体防卫能力降低，胃肠道内条件性致病菌大量繁殖，引起感染所致；抗生素特别是广谱抗生素的滥用，造成肠道菌群失调引起二重感染，导致胃肠炎的发生；不适当地使用健胃剂，或使用对胃黏膜有明显刺激作用的药物，如高锰酸钾、吐酒石、水合氯醛等，引起胃肠黏膜的损伤而发生胃肠炎。

继发性因素主要包括一些传染性因素、寄生虫性因素、中毒性因素和一些普通病等，如肠套叠、硒缺乏、心脏病、肾脏病以及产科病等。

【症状】

患病马匹精神沉郁,食欲明显减退或废绝,初期饮欲增强,严重病例后期拒绝饮水。口腔干臭,舌苔厚腻。可视黏膜初期充血发红,后期发绀,部分病例出现黄染现象。

腹泻,粪便稀软甚至呈现粥样、水样,腥臭,粪便中混有黏液和血液,有的混有脓液。病至后期,肛门松弛,排粪呈现失禁自痢。当炎症波及直肠时,排粪呈现里急后重的表现。若炎症仅局限于胃和十二指肠,则出现排粪迟缓、粪量减少,粪球干、小,颜色加深,表面覆盖多量的黏液。

患病马匹出现不同程度的腹痛表现,肌肉震颤,肚腹蜷缩,回头顾腹。

听诊腹部,初期肠音增强,随后逐渐减弱甚至消失;冲击式触诊腹部可呈现振水音。

患病马匹体温升高,心率增快,呼吸加快,眼结膜暗红或发绀,眼窝凹陷,皮肤弹性减退,血液浓稠,尿量减少。随着病情恶化,患病马匹体温降至正常温度以下,四肢厥冷,出冷汗,脉搏微弱甚至脉不感于手,体表静脉萎陷,精神高度沉郁,甚至昏睡或昏迷。

慢性胃肠炎,患病马匹精神不振,衰弱,食欲不定,时好时坏,异嗜,往往喜爱舔食砂土、墙壁和粪尿。便秘,或者便秘与腹泻交替,并有轻微腹痛,肠音不整。体温、脉搏、呼吸常无明显改变。

剖检病死马可见胃肠黏膜呈现不同程度的肿胀、出血,甚至溃疡,肠内容物稀薄,有的混有黏液、血液或脓汁。

【诊断】

典型的胃肠炎,首先应根据全身症状,食欲紊乱,舌苔变化,重度腹泻,体温升高,白细胞升高,血细胞比容升高,以及粪便中含有病理性产物等,多不难作出诊断。但应注意继发性胃肠炎的原发病诊断。

患急性胃肠炎的马匹,通过加强护理和及时治疗,多数可望康复;若治疗不及时,则预后不良。患慢性胃肠炎的马匹,病程数周至数月不等,最终因衰弱或因肠破裂引起穿孔性腹膜炎或发生内毒素休克而死亡。

应与马酸性胃肠卡他、急性结肠炎、黏液性肠炎、肥厚性肠炎、有机磷中毒、无机砷中毒等进行鉴别。

【防治措施】

治疗原则为抑菌消炎，适时缓泻和止泻，纠正脱水与中毒，对症治疗和加强护理。

加强护理、消除病因：搞好畜舍卫生，保证充足饮水，最好在饮水中加入口服补液盐，充分休息；当病马4～5天未吃食物时，可灌炒面糊或小米汤、麸皮大米粥；开始采食时，应给予易消化的饲草、饲料和清洁饮水，然后逐渐转为正常饲养。消除病因则依据原发性因素进行。

抑菌消炎，在选用抗生素时，最好送检患病马匹粪便，做药物敏感试验，为选用或调整药物作参考。可灌服0.1%高锰酸钾溶液，或者用磺胺脒（琥珀酰磺胺噻唑、酞磺胺噻唑）、次硝酸铋，加常水适量内服。也可内服诺氟沙星或呋喃唑酮，或者肌内注射庆大霉素、小诺霉素、环丙沙星等，也可选用其他抗菌药物。

清理胃肠，肠音较弱、粪便干燥、排粪迟缓、气味腥臭者，为促进胃肠内容物排出，减轻自体中毒，应采取缓泻。常用液体石蜡（或植物油）、鱼石脂内服。

当患病马匹粪稀如水，频泻不止，基本无腥臭气味时，应适当进行止泻。可用药用炭，加适量常水内服；或者用鞣酸蛋白、碳酸氢钠，加水适量内服。

补充体液，解除中毒。补液可选用林格液、生理盐水、葡萄糖生理盐水、5%葡萄糖注射液等。解除酸中毒可用5%碳酸氢钠静脉注射，也可选用维生素C注射液、山莨菪碱（654-2）等。

如有条件可给病马输入全血、血浆或血清。

维护心脏功能可选用强心药和心肌营养药，强心药如毛花苷C（西地兰）、毒毛花苷K、安钠咖等；心肌营养药等如ATP、细胞色素c、肌苷、辅酶A、维生素C、25%～50%葡萄糖注射液等。

对症治疗。当腹痛严重时可使用安乃近、阿尼利定（安痛定）等进行镇痛；当肠道出血时，可使用维生素K、酚磺乙胺（止血敏）、卡巴克洛（安络血）等进行止血。

中兽医治以清热解毒、消炎止痛、活血化瘀为主。宜用郁金散或白头翁汤。

平日应搞好饲养管理工作，不要饲喂霉败饲料。避免马采食有毒物质和有刺激、腐蚀的化学物质；防止各种应激因素；做好定期预防接种和驱虫工作。

三、结肠炎

马结肠炎又称结肠炎综合征、出血水肿性结肠、应激后腹泻、衰竭性休克、马肠道梭状芽孢杆菌病等，是以盲肠、大结肠尤其下行大结肠的水肿、出血和坏死为病理特征的一种急性、超急性、高度致死性、非传染性疾病。其临床特点包括突然起病，重剧性腹泻，进展急速的休克和短急的病程。各年龄段的马、骡、驴均可发生，2～10岁的青壮年马居多。常年零散发生，有时群发而流行。

【病因】

常见于在高淀粉饲料（尤其玉米粉）突然过饲、气候骤变、过度疲劳、极度兴奋（如车船运输）、滥用抗生素，以及手术、妊娠、分娩等应激因素的影响下，或发生于流感、传染性贫血、烧伤、骨折、呼吸道感染等各种疾病的经过中。

【症状】

通常是在重剧劳役、长途驱赶、车船运送、骤然改（加）喂高淀粉饲料的情况下，在流感、传染性贫血等全身性感染或其他疾病的经过中，在应用土霉素、四环素等广谱抗生素之后，或在不认特殊应激因素的状态下，无任何先兆即突然起病。临床上主要表现为休克危象、暴发性腹泻以及脱水、酸中毒、内毒素血症、肠道菌群失调、弥散性血管内凝血等相关的检验指征。

病马精神高度沉郁，肌肉震颤，局部或全身出汗，皮温降低，耳、鼻、四肢以至全身发凉，体温升高（39～42℃），可视黏膜发绀，呈红紫、蓝紫乃至紫黑色，呼吸浅表而快速，脉搏细数乃至不感于手。听诊第一心音浑浊，第二心音减弱或消失（胎儿样心音），心律失常，时有阵发性心动过速。少尿以至无尿。测定动脉收缩压降低，中心静脉压低下或为负值，微血管再充盈时间延迟至5～10s或更长。休克体征一般在起病后10h左右开始显现，并逐时发展，很快陷入上述愈益深重的休克危象。

病马显现严重而典型的大肠功能紊乱，食欲废绝，口腔干燥，多无明显的口臭，概无黄厚的舌苔，小肠音沉衰，大肠音活泼，有金属性流水音，腹围下侧方增大，触动腹壁可感到肠内有大量液体贮留。多数病马暴发腹泻，粪便粥状稀软或糊状水样，恶臭以至腥臭，常夹杂未消化谷粒或混有潜血、脓球、黏液和泡沫。但有约10%的病马不出现腹泻，其大小肠音沉衰或绝止，伴有不同程度的腹痛表现，个别的排粪迟滞，并因肠内积液积气（肌原性肠弛缓）而显腹胀。

盲肠、大结肠（主要为下行大结肠）淤血、水肿、出血和坏死，肠腔内有大量恶臭的泡沫状血性液体；各组织器官淤滞，出现微血栓，往往普遍出血；心、肝、肾等实质脏器变性。

【诊断】

检验血液、尿液、腹腔穿刺液、脑脊髓液以及粪便等各项指标，显示疾病发展各阶段的相应改变。

肠道菌群失调指征：刮取直肠黏膜或拭取粪便涂片，作革兰染色，可认密集而单一的革兰阴性小杆菌，而革兰阳性菌极少乃至绝迹。必要时，作粪便内细菌计数，或作分离鉴定，进行肠道微生态评价。

内毒素血症指征：白细胞总数减少到5×10^9/L直至1×10^9/L以下，中性粒细胞比例降低，并出现中毒性颗粒；腹腔液、血液乃至脑脊液作鲎试验呈阳性反应。

弥散性血管内凝血指征：血小板数减少，不及1×10^{11}/L；全血凝血时间（WBCT）延长，可达20min以上；一期法凝血酶原时间（OSPT）延长，可至16～30s；鱼精蛋白副凝集（3P）试验，多呈阳性反应。

脱水指征：血液黏稠而色暗；血细胞比容（PCV）增高，可达40%～70%；血浆总蛋白（TPP）增多，可达80～120g/L。

酸中毒指征：血乳酸含量显著增高，可达3.33～5.55mmol/L（30～

50mg/dL）；血浆CO_2结合力降低，可达40%，甚至低至20%；血液pH值下降，pH常低于7.3，严重的可接近7.0；尿呈酸性，pH6左右。

肾衰竭指征：血尿素氮（BUN）增高，可达14.3～21.4mmol/L（400～600mg/dL）；尿少色浓乃至无尿；尿蛋白和潜血试验呈阳性反应；尿渣镜检，可认红、白细胞，各种上皮乃至管型。

在鉴别诊断上，群发病例应注意与肠型炭疽、巴氏杆菌病以及沙门菌病鉴别。

【防治措施】

针对急性盲结肠炎的基本病理生理过程，是革兰阴性菌为主体的肠道菌群失调所致的内毒素休克，其基本治疗原则应包括控制感染、复容解痉、解除酸中毒和维护心肾功能4个方面。

抑菌消炎，控制感染 控制肠道内革兰阴性菌继续增殖并防止全身感染，是治疗本病的根本环节。为此，可用庆大霉素静脉注射或多黏菌素B肌内注射；同时内服呋喃唑酮（痢特灵）或链霉素。为中和内毒素和扩张血管，可配合应用肾上腺皮质激素，如氢化可的松、地塞米松、肾上腺素等。

复容解痉，输注液体以恢复循环血容量，应用低分子右旋糖酐和血管扩张剂以疏通微循环，是抗休克治疗的核心措施。切记扩容在前，解痉继后，不容颠倒。补液数量参见胃肠炎的治疗。在补足血容量的基础上，要及时应用扩血管药，以改善组织的微循环灌注。常用的是，2.5%氯丙嗪肌内注射或静脉注射，每次10～20mL，每隔6～8h；1%多巴胺注射液10～20mL或0.5%盐酸异丙肾上腺素2～4mL，静脉滴注。

解除酸中毒，本病经过中伴有重度酸中毒且进展极快，及时大量补碱，输注5%碳酸氢钠液十分必要。补碱量的估算参见胃肠炎的治疗。本病的酸中毒，是微循环淤滞和组织缺血缺氧的结果。因此补碱只是治标，要从根本上解除酸中毒，还必须着力于疏通微循环，改善组织的血液供应。

维护心肾功能，可静脉滴注毛花苷C（西地兰）、毒毛花苷K、铃兰毒苷、洋地黄毒苷等速效高效强心苷；可内服氢氯噻嗪（双氢克尿噻）或静脉注射呋塞米（速尿）等强力的利尿剂。

保证饲料的全价，减少淀粉类饲料的摄入。此外，应尽量避免口服抗生素，尤其是四环素、土霉素、磺胺类药物等，必须使用时，应注意剂量和疗程。

四、肠阻塞

肠阻塞是由于肠管运动功能和分泌功能紊乱，内容物滞留不能后移，致使某段或某几段肠管发生完全或不完全阻塞的一种腹痛性疾病。临床上以食欲减少或废绝，排粪减少或停止，并伴随不同程度的腹痛为主要临床特征。按病因可分为原发性和继发性肠阻塞；按阻塞程度可分为完全性或不完全性阻塞。

【病因】

饲料因素，饲草单一、质量低劣、粗纤维含量较高，特别是受潮霉败是饲草变得坚韧而难于咀嚼，不易消化，是引起肠阻塞的主要因素。

饲养管理不良，饲喂不定时、饥饱无常、饱后重役、饲养方式的突然改变等，常引起肠管运动功能和分泌功能紊乱，易于发生肠阻塞。

饮水不足，饮水不足可引起机体脱水，导致肠道与机体间水分的交换障碍，肠道内容物中的水分被过度吸收，内容物逐渐干涸和停滞而发生肠道阻塞。

食盐摄入不足，食盐是维持肠道运动功能和分泌功能的重要因素，食盐摄入不足引起肠道的运动功能和分泌功能降低，引发肠道阻塞。

天气骤变，天气的突然变化可引起应激反应，导致交感神经兴奋，而维持肠道运动和分泌功能的副交感神经抑制，从而导致肠阻塞的发生。

其他因素如长期休闲运动不足、牙齿不良、慢性胃肠道炎症等，均可影响到肠道的运动和分泌功能而发生肠阻塞。

【症状】

肠阻塞的临床表现因阻塞的部位、程度以及结粪的硬度不同而有较大变化。

完全阻塞，则多呈中等程度或剧烈腹痛，初期口腔湿度、色泽正常，随着病情发展，脱水加重，口腔很快变干，舌苔灰黄，口臭难闻；初期排少量干硬小粪球，被覆黏液，数小时后停止，初期肠音不整或减弱，数小时后肠音衰沉，乃至消失。饮食欲废绝，结膜潮红，脉搏增数，严重时达120次/分，呼吸急促，继发肠炎或腹膜炎时体温升高；继发肠臌气时，则肷窝膨满，病程短急，通常1～2天，有的则能拖到3天。

不完全阻塞，腹痛多轻微，个别的呈中等程度的腹痛，口腔稍干或不干，舌苔薄或无舌苔，口臭味不大，排粪迟滞，粪便稀软，色暗而恶臭，有的排粪完全停止。肠音始终减弱或衰沉，也有肠音完全消失的，饮食欲多减退，完全消失的少，全身症状不明显，病程缓长，通常持续1～2周，也有的持续3周以上，一旦出现结膜发绀，肌肉震颤，脉搏细弱，局部出汗和体温升高等症状，则预后不良，可能是出现肠破裂。

小肠便秘，剖检可见阻塞部肠管扩张，充满大量的干硬粪块，肠管呈香肠状，阻塞部位肠壁淤血、水肿、出血，严重时肠壁坏死。大肠阻塞时，剖检可见肠道内有大量的内容物积聚，阻塞部位肠黏膜潮红、肿胀、出血、水肿，被覆有厚层黏液，发病时间较长可发生肠壁坏死。严重病例因肠破裂而发生腹膜炎。

【诊断】

根据排粪迟滞，腹痛，饮食欲减损或废绝，直肠检查或腹部触诊一般即可诊断。

一般情况下，小肠、小结肠阻塞比大肠各部阻塞病情发展快而且重，病程多为1～2天，大肠各部阻塞，尤其是不完全阻塞，病程可达半月之久，治疗及时，一般预后良好。

【防治措施】

（一）治疗原则

肠便秘的基本矛盾是肠腔阻塞不通，并由此引起腹痛、胃肠膨胀、脱水失盐、自体中毒和心力衰竭等从属矛盾。因此，实施治疗时，应依据病情灵活运用以疏通为主，兼顾镇痛、减压、补液、强心的综合性治疗原则。

1. 镇痛

旨在恢复大脑皮质和自主神经对胃肠功能的调节作用，以消除肠管痉挛，缓解腹痛。0.25%～0.5%普鲁卡因液肾脂肪囊内或腹膜外蜂窝组织内注射（封闭疗法和阻断疗法）；5%水合氯醛酒精和20%硫酸镁液静脉注射（睡眠疗法）以及腹痛合剂60～100mL内服；30%安乃近液20～40mL或2.5%盐酸氯丙嗪液8～16mL肌内注射等。但禁用阿托品、吗啡等。此外，也可用三江、分水、姜牙等穴位针刺疗法。

2. 减压

旨在减低胃肠内压，消除膨胀性疼痛，缓解循环呼吸障碍，防止胃肠破裂。用于继发胃扩张和肠臌气的完全性阻塞。措施包括导胃排液和穿肠放气。

3. 补液强心

旨在纠正脱水失盐，调整酸碱平衡，缓解自体中毒，维护心脏功能。用于重症阻塞或阻塞中后期。对小肠阻塞，宜大量静脉输注含氯化钠和氯化钾的等渗平衡液；对完全性大肠阻塞，宜静脉输注葡萄糖、氯化钠液和碳酸氢钠液；对各种不全阻塞性大肠便秘，应用含等渗氯化钠和适量氯化钾的温水反复大量投服或灌肠，实施胃肠补液，效果确实。

4. 疏通

旨在消散结粪，疏通肠道。这是治疗肠阻塞的根本措施和中心环节，泛用于各病型，贯穿于全病程。

阻塞的疏通，一方面是破除秘结的粪块，多采用机械性的方法，如直肠按压法、秘结部注射法、捶结法、剖腹按压法、肠管侧切取粪法等；另一方面是恢复肠管运动功能，通过大脑皮质、皮质下中枢以至自主神经系统（神经干、神经节、神经丛），以调整其对肠管血液供应和肠肌自动运动性的控制；或通过调整肠道内环境，提供对肠壁感受器的适宜刺激，包括机械性刺激和化学性刺激，以激励肠肌的自动运动性。

（1）**穴位封闭疗法** 百会、后海、肾脂肪囊、腹部交感神经干、直肠黏膜浸润等普鲁卡因封闭疗法；颈部迷走交感干电针疗法、球头梅花针电针疗法、氯化钾后海穴注入法。

（2）**泻下疗法** 芒硝、大黄、液状石蜡等容积性泻剂、刺激性泻剂、润滑性泻剂和深部灌肠法的使用；粗制酵母菌粉灌服法、食盐水灌服法等。

上述疏通措施，其中直接破除秘结粪块的直肠按压法、剖腹按压法和捶结术，对各肠段的完全阻塞性便秘都很适用，其奏效迅速而确实，只是技术性颇强，需要长期临床实践方能掌握，操作不当可造成肠破裂。

恢复肠管运动功能的上述各种疗法，对早期（轻症）和中期（重症）肠便秘的治愈率都不下80%，但对晚期（危症）的完全阻塞性肠便秘和秘结广泛的不全阻塞性肠便秘，疗效则很差，治愈率不超过20%。

（二）各部肠阻塞的治疗要点

各部肠阻塞治疗要点如下。

1. 小肠阻塞

抓紧减压和疏通，积极配合镇痛、补液和强心，禁用大容积泻剂！

措施是，先导胃排液减压，随即灌服腹痛合剂，直肠指检摸到秘结部之后，就手进行直肠按压（握法切法均可），必要时投容积小的泻剂或施行新针疗法。对十二指肠前段阻塞，应在导胃减压、镇痛解痉后灌服液状石蜡或植物油0.5～1.0L，松节油30～40mL，克辽林（臭药水）15～20mL，温水0.5～10L，并坚持反复导胃和补液强心。补液以复方氯化钠液为好，适量添加氯化钾液，但切忌加用碳酸氢钠液！经6～8h仍不疏通的，则应断然实施剖腹按压。

2. 小结肠、骨盆曲、左上大结肠阻塞

抓紧疏通，必要时镇痛解痉。依据条件选用各种疏通措施均可，最好直肠指检确诊后随即按压或捶结。

早期，注意穿肠放气减压和镇痛解痉，最好按压和捶结疏通。

起病10h以后，新针疗法和神经性泻剂的效果常不可靠，灌服芒硝、大黄、食盐等大容积泻剂又多被阻留于胃和小肠，往往难以奏效，因此，最好在直肠指检确诊后随即施行按压或捶结。按压和捶结有困难的，可作

深部灌肠。用上述措施后3～5h还不奏效，则应在全身状态尚未重剧时断然决定剖腹按压，切勿拖延！

晚期，认真减压镇痛，积极补液强心，尽量采用即效性疏通措施。病程超过20h，全身症状已经重剧，新针疗法和灌服泻剂显然无效，神经性泻剂又不敢应用（心力衰竭！）。因此，唯有依靠直肠按压、捶结或深部灌肠。如果因阻塞肠段前移、下沉或不能后牵（小结肠起始部）而不便按压和捶结，且深部灌肠又告无效的，就应立即剖腹按压。其秘结部肠壁已发生坏死的，则应切除而行断端吻合术。

3. 胃状膨大部阻塞

除个别继发胃扩张而需导胃减压者外，应着重于疏通。为此，要灌注充足的水分，以软化结粪；提供必要的油脂，以润滑肠道；调整植物神经控制和肠内酸碱度，以消除肠弛缓。

灌服碳酸盐缓冲合剂，效果最佳。如配合应用1%普鲁卡因液80～120mL作双侧胸腰段交感神经干阻断，则呈效更快。用含1%食盐或人工盐、混1～2L液状石蜡的温水20～30L作深部灌肠，虽然费事，疗效不错。

4. 盲肠阻塞

禁饲给水，全力调整肠道内环境，恢复肠管运动功能，防止再发。积粪消除后，可灌服新鲜马粪混悬液（新鲜马粪1.5～2.5kg，温水3～5L，搅拌去渣，加碳酸氢钠或人工盐100～150g），以重建大肠微生物区系，并适量喂以青干草、胡萝卜、麸皮等，1周后逐渐转为常饲，多喂盐，多饮水，以防肠弛缓再发。

5. 左下大结肠阻塞

一般疏通措施多能见效，是最容易治愈的一种不全阻塞性大肠便秘。

灌服碳酸盐缓冲合剂的效果尤佳。投用方剂数平均为1.1副，结粪消散时间平均为21h。

6. 直肠阻塞

原则是消炎消肿，掏取结粪，不宜灌服容积性泻剂。

措施：青霉素80万～120万单位，0.5%普鲁卡因液80～120mL，后海穴深部注入以消炎；5%～15%硫酸镁液1～2L，反复灌肠以消肿；入手直肠，边用水管水冲渍，边用手指由阻塞块周边向中心部拨取，直至成功。

对于母马，可用双手分别伸入阴道和直肠进行掏结。或用直肠中的检手将秘结部牵引至耻骨上方，由阴道内的检手加以捏碎，或用阴道内的检手将粪块托靠在盆腔内，由直肠内的检手夹取或握取。

7. 泛大结肠阻塞

原则是改善肠道内环境条件，调整胃肠自主神经控制，以兴奋肠蠕动，解除肠弛缓，同时注意补液、解毒和强心。

措施包括：首先投服碳酸盐缓冲合剂，每日1付；腹膜外注射1%盐酸普鲁卡因液80～120mL，以阻断双侧胸腰段交感神经干，每日1～2次；温水10～15L，深部灌肠，每日1～2次，然后少量多次肌内注射0.05%硫酸甲基新斯的明液，每次6mL；30～60min 1次，日量30～60mL；同时依据全身状态静脉输注适量的葡萄糖盐水。通常需2～3d方愈。

8. 泛小结肠阻塞

原则同泛大结肠阻塞。

措施包括：首先阻断胸腰段交感神经干或行后海穴封闭；投服碳酸盐缓冲合剂，少量多次肌内注射0.05%硫酸甲基新斯的明液；最后用加有0.5～1L液状石蜡的温水5～10L反复浸泡灌肠；待上述措施使结粪有所软化且肠音逐渐恢复后，即可入手直肠，边用胶管冲水边掏取结粪。通常1～2天即愈。

9. 泛结肠阻塞

原则同泛大结肠阻塞，但更应坚持补液，解毒和强心。

措施同泛大结肠阻塞和泛小结肠阻塞。但宜先采用全小结肠阻塞的治疗措施。待小结肠结粪排出后，再按泛大结肠阻塞实施治疗。通常需3～5天方得痊愈。

10. 多段肠管阻塞

由后向前逐个解决，先解决完全阻塞，再解决不全阻塞。

给予营养全面、搭配合理的日粮；保证充足的饮水和适当运动，平时定时定量饲喂，保持适当运动。

五、肠痉挛

肠痉挛是胃肠平滑肌受到异常刺激发生痉挛性收缩所引起的一种腹痛病，又名痉挛疝，中兽医叫冷痛、冷腹痛等。临床上以间歇性腹痛、肠音高朗和口腔湿润为特征。

【病因】

本病最主要的发病因素是受到寒冷的刺激，包括气候突变、汗后淋雨、露宿野外、贼风侵袭、暴饮冷水等。长期不定时、定质、定量、定人饲喂导致消化不良、采食霉烂变质的饲料以及霜冻饲料等，引起肠道内容物的异常腐败分解，产生有毒物质，对肠道产生异常刺激，引起肠道平滑肌痉挛。

【症状】

发病突然，有受寒病史。口腔湿润，无异味。耳、鼻、四肢末梢发凉。排粪次数增多，粪便稀软或松散带水，含未充分消化的饲料成分。全身症状轻微，体温、脉搏、呼吸无明显改变。

间歇性的腹痛是肠痉挛的最主要特征，病马表现前肢刨地，后肢踢腹，回顾腹部，起卧不安，卧地滚转，持续 5~10min 后，便进入间歇期。在间歇期，病马表现正常，安静站立，采食和饮水正常。但经过 10~30min，腹痛又发作，经 5~10min 后又进入腹痛间歇期。有的病马，随着时间的推移，腹痛逐渐减轻，间歇期延长，常不治而愈。

肠音增强，两侧大小肠音连绵高朗，远离数步可闻，有时带有金属音调。在剧烈的肠痉挛时，肠音有时消失（大段肠管痉挛性收缩，导致肠道内容物无法后送，因而肠音消失）。

直肠指检可发现肠壁紧张，较厚，粗细不一，呈疙瘩状。

【诊断】

依据间歇性腹痛、高朗连绵的肠音、松散稀软的粪便以及相对良好的全身状态，不难作出肠痉挛的诊断。但需注意同子宫痉挛、膀胱括约肌痉挛、急性肠卡他进行鉴别。

本病持续时间一般不长，从几十分钟至几个小时，若给予适当治疗，可迅速痊愈。如经治疗，症状不但不见减轻，反而腹痛加剧，全身症状随之恶化，这表明继发肠变位或肠阻塞，预后要慎重。

【防治措施】

本病的治疗原则是加强护理、消除病因、解痉镇痛，清肠止酵和对症治疗。

加强护理、消除病因，将马放于温暖的厩舍，防治受寒。腹痛时要牵遛，避免打滚，以防发生肠变位。

解痉镇痛是治疗肠痉挛的基本原则。腹痛较轻时可肌内注射30%安乃近；中等程度腹痛时可使用水合氯醛加水适量灌服；重度腹痛时可使用10%氯化钠溶液、0.25%普鲁卡因和10%安钠咖，缓慢静脉注射。

清肠止酵的目的是排除肠道内有毒物质，防止肠道内有毒物质的刺激，避免肠痉挛的复发，可以使用20%鱼石脂酒精、硫酸钠，加水适量胃管投服。

中药可选用橘皮散，或生姜煎汤加白酒灌服。针治三江、姜牙、耳尖等穴或电针关元俞。

加强饲养管理，保证草料的清洁卫生，杜绝使用冰冻或腐烂的饲草；保证定时、定量饲喂，搞好厩舍卫生；注意天气变化，特别要注意气温骤降之时，搞好厩舍的取暖工作。

六、肠套叠

肠套叠是肠管异常蠕动致使一段肠管套入其邻近的肠管内，引起胃肠内容物不能后送的一种急性腹痛病。临床上以腹痛和排血样粪便为特征。

【病因】

马在极度饥饿、突然受凉、饮入冷水等因素影响下，肠管受到异常刺激而发生个别肠段的痉挛性收缩，从而发生肠套叠；饲喂品质低劣或变质的饲料时，能引起胃肠道运动失调而发生肠套叠；由于肠道存在炎症、肿瘤、寄生虫等刺激物，或者由于腹腔手术引起某段肠管与腹膜粘连时，也易发生肠套叠。

【症状】

马突然发病，开始时表现中度间歇性腹痛，很快（发病1～2h）转为剧烈腹痛。食欲废绝，口腔干燥，随病程延长，口腔出现臭味。

病初频频出现排粪动作，但排粪量减少，粪便中带有黏液和血液，或排出少量煤焦油样粪便。后期排粪停止。

腹围无明显变化，直肠指检时直肠内有少量的黏粪或黏液，隔直肠壁向腹内探查，有时可触及到手臂粗而且光滑的富有弹性肉样感的套叠肠段，压迫套叠部位马疼痛敏感。

腹腔穿刺液明显增多，初期为淡黄红色，以后逐渐变为红色腹水。

病初全身体况无明显变化，但随病程发展，全身症状逐渐加重而明显，机体脱水，心跳加快，呼吸促迫，结膜发绀，神情呆滞，反应迟钝，皮温降低，耳、鼻及四肢发凉。当继发腹膜炎、肠炎时体温升高。

病死马腹腔内有大量红色液体，部分肠管相互套叠，呈紫色或紫黑色，严重时坏死，相应肠系膜血管淤血。套叠肠管前部发生臌气，内有大量液状内容物。

【诊断】

根据病史和临床特征一般可做出初步诊断，确诊需要进行钡餐透视或超声诊断，剖腹探查即是一种有效确诊方法。但需与肠变位、肠梗阻等疫病急性鉴别。

早期积极治疗，一般预后良好，出现肠坏死，则预后谨慎。

【防治措施】

本病发展急剧，诊治不及时可很快死亡。一经确诊应立即采取手术治疗。在治疗时应根据马病情进行强心、补液，以维持马的体况。

手术疗法　常规切开腹壁，打开腹腔，找出套叠肠管，进行整复。在手术整复中，必须缓缓分离已进入到肠管中的肠浆膜，禁用强力拉出，特别对套叠部分较长和严重淤血、水肿的肠管，要防止造成肠壁撕裂、大出血及因严重肠壁缺损和随后的感染。对肠管已坏死不能整复者，应做肠切除吻合术。

术后应做好术后护理工作，根据病情进行强心、补液、校正电解质紊乱和使用抗生素控制继发感染。

采取科学的饲养和管理，饲喂要定时定量，注意饮食、饮水温度，饲料饮水要清洁，要注意卫生，防止误食泥沙和污物。在运动时要防止剧烈奔跑和摔倒。避免过度刺激，禁止粗暴追赶、捕捉、按压，勿使马剧烈挣扎等。

第二节　呼吸系统疾病

一、感冒

感冒是由于寒冷作用所引起的以上呼吸道黏膜炎症为主症的急性全身性疾病。临床特征是体温突然升高，咳嗽和流鼻液。本病无传染性，早春、晚秋气候多变季节多发。

【病因】

本病最常见的原因是寒冷的作用。多发生于寒夜露宿、久卧凉地、贼风侵袭或由温暖地带突然转至寒冷地区；大出汗后遭受雨淋或涉水渡河时冷水侵袭；草原或高寒地区突然遭受暴风雪袭击等。均可使机体抵抗力降低，特别是使上呼吸道黏膜的防御功能减退，致使呼吸道内的常在菌得以大量繁殖，而引起本病。

此外，长途运输、过劳及营养不良等，可促进本病的发生。

【症状】

本病常在遭受寒冷作用后突然发病。病马精神沉郁，头低耳聋，眼半闭，食欲减退或废绝。皮温不整，多数病马耳尖、鼻端发凉，也有皮温普遍增高的。结膜潮红，如伴发结膜炎时则有轻度肿胀或流泪。脉搏增数，体温常升高到39.5～40℃，或40℃以上。

病马常常有咳嗽，呼吸加快，流水样鼻液。胸部听诊，肺泡呼吸音增强，有的可听到水泡音。心音增强，心跳加快。

【诊断】

本病的诊断依据是受寒冷作用后突然发病，体温升高，咳嗽及流鼻液等上呼吸道轻度炎症症状。必要时进行治疗性诊断，即应用解热剂迅速治愈的即可诊断为感冒。本病应与流行性感冒相鉴别。流行性感冒，由流感病毒所引起，突然发作，传播迅速，流行猛烈，高热稽留，结膜炎症明显，多有羞明流泪，发病率高，死亡率低。

本病病程较短，一般为2～6天，多取良性经过，若及时治疗，容易治愈；治疗失时或护理不周，易继发支气管肺炎或其他疫病。

【防治措施】

应用解热剂，30%安乃近液，或安痛定液肌内注射。

在应用解热镇痛剂后，体温不下降或症状仍未减轻时，可适当配合应用抗生素或磺胺类药物，以防止继发感染。排粪迟滞时，可应用缓泻剂。

中药疗法，当外感风寒时，宜辛温解表，疏散风寒，方用荆防败毒散加减；当外感风热时，宜辛凉解表，祛风清热，方用桑菊银翘散加减。

本病的预防，主要是对马加强耐寒锻炼，增强机体抵抗力；防止马突然受凉，建立合理的饲养管理和使役制度；气温骤变时，要设置防寒措施。

二、喉炎

喉炎是喉黏膜的炎症。喉炎根据经过可分为急性和慢性两种；依炎症的性质有黏液性和纤维素性之分；按病因可分为原发性和继发性喉炎。临床上以剧烈的咳嗽、喉部肿胀和敏感为特征。急性黏液性喉炎为多见，且常与咽炎并发。

【病因】

原发性喉炎的病因，与鼻炎基本相同，主要是受寒冷、机械性或化学性因素的刺激所引起。

继发性喉炎，常见于邻近器官炎症的蔓延，如鼻炎、咽炎、上颌窦炎和气管炎等，或继发于马腺疫等疾病。

另外，一些医源性因素也可造成喉炎，如插入胃管时因技术不熟练而损伤黏膜可引起喉炎。喉部手术也可引起喉水肿发炎。

【症状】

咳嗽是本病的主要症状，病初渗出物少时，发短、干、带痛的咳嗽，随着渗出物的增加，则变为湿咳、长咳。当早晚吸入冷空气，或饮冷水，采食混有尘埃的草料，以及在剧烈使役时，咳嗽加剧，甚至发痉挛性咳嗽。

病马喉部肿胀，头颈伸展，呈吸气性呼吸困难。

喉部触诊，感觉过敏，表现疼痛不安，摇头伸颈，躲避检查，并发连续的痛咳。

喉部听诊，由于喉黏膜肿胀，可听到喉狭窄音，尤其是喉黏膜剧烈肿胀，喉腔高度狭窄时，往往在数步之外即可听到，有稀薄渗出物时，能听到大水泡音。

轻度喉炎，全身症状多无明显变化，重症喉炎，则精神沉郁，体温升高 1～1.5℃，脉搏增数，结膜蓝紫，呼吸困难，甚至引起窒息。

慢性喉炎，病畜长期发弱咳、钝咳，尤其早晚吸入冷空气时更明显，喉部触诊稍敏感，可发弱咳。当喉部结缔组织增生，黏膜显著肥厚，喉腔狭窄时，呈持久性呼吸困难。全身症状一般无变化。

【诊断】

本病的诊断依据是病马头前伸、剧烈的咳嗽、喉部肿胀疼痛、喉头有啰音和触诊喉区敏感性增高，而其他部分正常。并发咽炎时，还有大量混有食物和唾液的鼻液，以及咽下障碍。

本病应与咽炎、喉水肿等疾病相鉴别。

【防治措施】

本病的治疗原则，主要是消除炎症，祛痰止咳。

除去发病原因，将病马放入通风而温暖的厩舍中，晴天可拴在室外或适当牵遛运动。喂给柔软、清洁易消化的饲料，勤饮清水等。

为了促进局部血液循环，加速渗出物的吸收，可用10%食盐水温敷喉部，也可局部涂擦10%樟脑酒精等。对重症的喉炎，可静脉注射10%磺胺二甲基嘧啶液，或肌内注射青霉素，或0.5%～1%普鲁卡因液、青霉素进行喉囊封闭。

当病马频发咳嗽而鼻液黏稠时，可内服溶解性祛痰剂，常用人工盐、茴香末、制成舔剂内服，或碳酸氢钠、远志酊，加水适量内服，或氯化铵、杏仁水、远志酊加水适量内服。

有窒息危险时，须行气管切开术。

加强饲养管理，对马加强耐寒锻炼，增强机体抵抗力，防止马突然受凉。

三、支气管炎

支气管炎是支气管黏膜表层或深层的炎症，临床上依据病程可分为急性支气管炎和慢性支气管炎。急性支气管炎临床上以咳嗽、流鼻液、胸部听诊有啰音和呼吸困难为特征；慢性支气管炎临床上以持续性咳嗽、伴有喘息及反复发作的慢性过程为特征。根据病因，通常分为原发性和继发性。多见于春秋气候多变季节。

【病因】

原发性支气管炎，主要是由于寒冷、天气骤变、长途运输应激、机械性或化学性的刺激，以及某些过敏原等引起。

继发性支气管炎，多继发于某些传染病和寄生虫病的经过中，如流行性感冒、马腺疫、地方性支气管炎、病毒性肺炎、传染性胸膜肺炎、化脓棒状杆菌感染等，还有邻近器官的炎症蔓延，如喉炎、气管炎、肺炎以及胸膜炎等。

体质衰弱，营养不良，马舍卫生条件不好，通风不良，闷热潮湿以及营养价值不全的饲养和维生素A缺乏等因素，易促发本病的发生。

【症状】

当发生急性大支气管炎时，马的主要症状是咳嗽，初期呈干性短的痛咳，而后转为湿长咳。咳出痰液为黏液或黏液脓性，呈灰白色或黄色。流出的鼻汁，病初为浆液性，以后变为黏液性或黏液脓性。呼吸困难不明显。体温正常或升高0.5～1℃。胸部听诊，初期可听到干啰音，而后可听到湿啰音。

当发生细支气管炎时，马全身症状明显，体温升高1～2℃，脉搏数增加，多呈呼气性呼吸困难，有时混合性呼吸困难，可视黏膜发绀，鼻液量少，弱痛咳。胸部听诊闻干啰音或小水泡音，有的部位呈过清音，叩诊界后移。

当发生腐败性支气管炎时，除具急性支气管炎症状外，还有呼出气恶臭，流出污秽、腐败气味的鼻汁。胸部听诊可听到空瓮性呼吸音。全身症状重剧，病情恶化，常死亡。

慢性支气管炎表现持续性的咳嗽，无论是白昼还是黑夜，运动或安静时均出现明显的咳嗽，尤其是在饮冷水或早晚受冷空气的刺激更为明显，多为干、痛咳嗽，触诊气管，咳嗽加剧。全身症状一般不明显，体温正常，痰量、鼻液较少，但在并发支气管扩张时，咳嗽后有大量腐臭鼻液流出，或在支气管狭窄和肺泡气肿时，出现呼吸困难，病势弛张，逐渐消瘦、贫血。胸部叩诊，一般无明显变化，但在并发肺气肿时，出现过清音和叩诊界后移。胸部听诊，病初可听到湿啰音，以后可听到干啰音，早期肺泡呼吸音增强，后期因肺泡气肿而使肺泡呼吸音减弱或消失。

血液检查，白细胞数增加，中性粒细胞比例升高。

X线检查，一般不见异常，仅肺纹理增强，或支气管和细支气管阴纹理增粗。

【诊断】

根据咳嗽，鼻腔分泌物，热型，肺部出现的干、湿啰音以及X线检查所见，确诊支气管炎不难。应注意大支气管炎与细支气管炎的鉴别，还要结合流行病学特点，尽可能地将散发性支气管炎与具有支气管炎的某些传染病区别开来。

本病需与小叶性肺炎、大叶性肺炎、鼻疽等疾病进行鉴别。

急性大支气管炎，经过1～2周，预后良好。细支气管炎，病情重剧，常有窒息倾向，或变为慢性而继发慢性肺泡气肿，预后慎重。腐败性支气管炎，病情严重，发展急剧，多死于败血症。

【防治措施】

首先要防寒保暖，防止感冒，免受寒冷、风、雨、潮湿等的袭击。平时注意饲养管理，注意通风，保持空气新鲜清洁，提高抵抗力。本病常继发于某些传染病或寄生虫病，应做好兽医卫生、防疫等工作，定时驱虫，避免疫病流行。

治疗原则为消除病因，祛痰镇咳，抑菌消炎，制止渗出，促进吸收，解痉，抗过敏。

保持马舍内清洁、通风良好、温暖、湿润，喂以易消化饲料、青草和充足的清洁饮水，适当的牵遛运动。

当痰液浓稠而排除不畅时，应用祛痰剂，如氯化铵、酒石酸锑钾（吐酒石）、碳酸氢钠混合内服。还可行蒸气吸入疗法，如1%～2%碳酸氢钠溶液或1%薄荷脑溶液蒸气吸入。

当咳嗽剧烈而频繁时，应用止咳剂，如复方樟脑酊、复方甘草合剂、远志酊，或杏仁水内服，还可应用盐酸吗啡、喷托维林（咳必清）等药物治疗。

抑菌消炎可选用抗生素、喹诺酮类或磺胺类药物。

抑制渗出，促进吸收，可选用钙制剂静脉注射，如10%葡萄糖酸钙200～500mL，一次静脉滴注。

对于因变态反应引起支气管痉挛或炎症，可给予解痉平喘和抗过敏药，如氨茶碱、麻黄素、盐酸异丙嗪、地塞米松、氯苯那敏、异丙嗪、盐酸苯海拉明等。

当呼吸困难时，严重地影响了气体交换，常采用氧气吸入；本病常继发于某些传染病或寄生虫病，在大群中如发现有咳嗽的马匹应及时确诊，进行特异性的治疗。

四、小叶性肺炎

小叶性肺炎又称支气管肺炎，是病原微生物感染引起的以细支气管为中心的个别肺小叶或几个肺小叶的炎症。病理学特征为肺泡内充满了由上皮细胞、血浆和白细胞组成的卡他性炎性渗出物，故又称为卡他性肺炎。临床上以弛张热型、呼吸次数增多、叩诊有散在的局灶性浊音区、听诊有啰音和捻发音为特征。

【病因】

原发性原因，凡能引起支气管炎的各种致病因素，都是支气管肺炎的病因。

继发性原因，常继发或并发于许多传染病和寄生虫病。

【症状】

病初，呈急性支气管炎的症状，全身症状较重剧。表现精神沉郁，食欲减退或废绝，可视黏膜潮红或发绀。干而短的疼痛咳嗽，逐渐变为湿而长的咳嗽，疼痛减轻或消失，并有分泌物被咳出，脉搏频率增加，呼吸频率增加，严重者出现呼吸困难，流少量浆液性、黏液性或脓性鼻液。

肺部叩诊，当病灶位于肺的表面时，可发现一个或多个局灶性的小浊音区，融合性肺炎则出现大片浊音区；病灶较深，则浊音不明显。肺部听诊，病灶部肺泡呼吸音减弱或消失，出现捻发音和支气管呼吸音，并可听到干啰音或湿啰音；病灶周围的健康肺组织，肺泡呼吸音增强。

X线检查，表现斑片状或斑点状的渗出性阴影，大小和形状不规则，密度不均匀，边缘模糊不清，可沿肺纹理分布。当病灶发生融合时，则形成较大片的云絮状阴影，但密度多不均匀。

肺脏有小叶炎的特性，病灶呈为岛屿状。在肺实质内，特别在肺脏的前下部，散在一个或数个孤立的大小不一的肺炎病灶，每个病灶是一个或一群肺小叶，这些肺小叶局限于受累支气管的分支区域；患病部分的肺组织坚实而不含空气，初呈暗红色，而后则呈灰红色，剪取病变肺组织小块投入水中即下沉。肺切面因病变程度不同而表现各种颜色，新发病变区，因充血呈红色或灰红色；病变区因脱落的上皮细胞及渗出性细胞的增多而呈灰黄或灰白色。当挤压时流浆液性或出血性的液体，肺的间质组织扩张，被浆液性渗出物所浸润，呈胶冻状。在病灶中，可见到扩张并充满渗出物的支气管腔，病灶周围肺组织常伴有不同程度的代偿性肺气肿。

在多发性肺炎时，发生许多散播样的病灶，这些病灶如粟粒大，化脓而带白色，或者大部分肺发生脓性浸润。转归的以肺扩张不全（无气肺）为主。在炎症病灶周围，几乎总可发现代偿性气肿、支气管扩张。此外，还有肺组织化脓、脓肿以及干酪样变性等变化。

【诊断】

临床诊断主要依据是临床特征，如弛张热、咳嗽、流鼻涕。X线检查和实验室检查结果有助于进一步确诊。白细胞总数和嗜中性粒细胞数增多，出现核左移现象，单核细胞增多，嗜酸性粒细胞缺乏。经几天后，白细胞增多转变为白细胞减少与单核细胞减少症和嗜酸性粒细胞缺乏。变态反应所致的支气管炎，嗜酸性粒细胞增多。而并发其他疾病且转归不良的病例，血液白细胞总数急剧减少。

本病需与大叶性肺炎、支气管炎等进行鉴别诊断。

本病预后主要视发病原因、机体抵抗力和病畜营养状况而定。通常经过良好，一般持续2周，大多康复。幼小、老龄、衰弱和消瘦的，多预后不良。少数转为化脓性肺炎或坏疽性肺炎，继发于某些传染病，转归死亡。

【防治措施】

治疗原则。加强护理，抗菌消炎，祛痰止咳，制止渗出，促进炎性渗出物的吸收和排出及对症治疗。

病马应置于温暖、湿润的环境，通风良好，配合食饵疗法，给予柔软优质青干草及清洁饮水，在寒冷冬季最好饮用温水。

抗菌消炎是根本措施，要贯穿整个治疗过程的始终。当特殊性细菌感染时，首先进行细菌分离，药物要根据药敏试验来选择。如果在发病早期能够选择适当的药物并给予足够的量，在24h内可控制炎症。严重的肺炎，需数周的药物治疗直至恢复为止。常用的抗生素有青霉素、链霉素、卡那霉素、氨苄西林、庆大霉素和先锋霉素；磺胺类有磺胺多辛（磺胺邻二甲氧嘧啶）、磺胺对甲氧嘧啶、磺胺甲噁唑。可选用肌内、静脉或气管内给药。

祛痰止咳，可参考支气管炎。

制止渗出，促进炎性渗出物的吸收和排出。10%氯化钙溶液静脉注射。或10%安钠咖溶液、10%水杨酸钠溶液和40%乌洛托品溶液混合，静脉注射。

对症疗法。针对心脏功能减弱及呼吸困难。强心剂常用咖啡因类、樟脑类，必要时可用洋地黄类；当马缺氧明显时，宜采用输氧疗法，可皮下注射或用氧气袋鼻腔输给，也可用双氧水（3%）以生理盐水10倍稀释后，静脉注射。

加强饲养管理，避免淋雨受寒、过度劳役等诱发因素。供给全价日粮，健全完善的免疫接种制度，减少应激因素的刺激，增强机体的抗病能力。及时防治原发病，当肺炎暴发时，许多马都会被感染，应该考虑在饲料或水中添加药物。

五、大叶性肺炎

大叶性肺炎又称纤维素性肺炎、格鲁布性肺炎，是以支气管和肺泡内充满大量纤维蛋白渗出物为特征的一种急性炎症，常侵及肺的一个或几个大叶。临床上以稽留热型、铁锈色鼻液和肺部出现广泛性浊音区为特征。

【病因】

该病的真正病因尚未完全清楚。目前认为有两类原因，一是传染性因素引起的；二是非传染性因素引起的。

传染性因素，常见于一些传染病过程中，如马的传染性胸膜肺炎和巴氏杆菌等。还有其他细菌，如金黄色葡萄球菌、肺炎链球菌、肺炎克雷伯杆菌、铜绿假单胞菌、大肠杆菌、坏死杆菌、沙门杆菌、霉形体属、溶血性链球菌、放线菌、诺卡菌等也可引起本病。某些病毒和寄生虫病也可引起本病的发生。此外，一些化脓性疾病，如子宫炎、乳腺炎、子宫蓄脓等，其病原可经血液途径进入肺而致病。

非传染性因素，诱发大叶性肺炎的因素甚多，变态反应是其中的重要因素。还有受寒感冒、过劳、长途运输、吸入刺激性气体、通风不良、胸部外伤、饲养管理不当、卫生环境恶劣等，因其能使机体的抵抗力减弱，成为本病的诱发因素。

【症状】

病马起病突然，开始症状较重。病马精神沉郁，食欲减退或废绝，体温升高达 $40 \sim 41$℃，呈稽留热型。脉搏加快，一般初期体温升高，脉搏增加，后期脉搏逐渐变小而弱，呼吸迫促，频率增加，严重时呈混合性呼吸困难，鼻孔张开。结膜潮红或发绀，初期出现短而干的痛咳，溶解期则变为湿咳。病初，有浆液性、黏液性或黏液脓性鼻液，肝变期流出铁锈色或黄红色的鼻液。

肺部叩诊，由于病理过程的时期不同而异。充血和渗出期，呈过清音。随着渗出物增多，肝变期，呈半浊音或浊音，可持续 $3 \sim 5$ 天。溶解期，重新出现相应的叩诊音。

肺部听诊，也因病理过程的时期不同而异。在充血和渗出期，先出现肺泡呼吸增强和干啰音，随着肺泡中渗出物增多，出现湿啰音或捻发音和肺泡呼吸音减弱。当渗出物充满肺泡时，肺泡音消失。肝变期出现支气管呼吸音，至溶解期，支气管呼吸音逐渐消失，出现湿啰音，随后湿啰音逐渐减弱、消失，出现捻发音。最后捻发音又消失而转为正常呼吸音。

X线检查，充血期仅见肺纹理增粗，肝变期见肺脏有大片均匀的浓密阴影，溶解期为不均匀的散在片状阴影。

非典型病例，有的病程缩短，于第二、三天即自行退热，再经 $1 \sim 2$ 天，局部变化也消失。有的病例可能只发生一天的肺炎，伴以持续一天的发热和短时轻微局部变化。

大叶性肺炎一般只侵害单侧肺，有时可能是两侧性的，多见于左肺尖叶、心叶和膈叶，病变自然发病过程一般分为四个时期。

充血期，肺毛细血管充盈，肺泡上皮脱落，渗出液为浆液性，并有红细胞、白细胞的积聚。剖检，可见肺组织容积略大，富有一定弹性，病变部呈蓝红色，切面光泽而湿润，流出暗色血样液体，气管内有多量的泡沫。

红色肝变期，肺泡内渗出物凝固，主要由纤维蛋白构成，其间混有红细胞、白细胞，肺泡内不含空气。剖检，病变肺组织肝变，切面呈颗粒状，像红色花岗石样。

灰色肝变期，白细胞大量出现，渗出物开始变性，病变部呈灰色或黄色。剖检，病变部如黄灰色花岗石样，坚硬程度不如红色肝变期。

溶解期，白细胞及细菌死后释放出的蛋白溶解酶，使纤维蛋白溶解，肺组织变柔软，切面有黏液性或浆液性液体。

在个别情况下，溶解作用不佳，结缔组织增生、机化，最终导致肉样变。极少数情况下，局部有坏死，形成脓肿，或因腐败菌继发感染而形成肺坏疽。

【诊断】

大叶性肺炎诊断的主要依据是临床特征与X线检查结果。实验室检查结果通常白细胞增多，中性粒细胞增多，核型左移，淋巴细胞减少，嗜酸性粒细胞和单核细胞减少。严重病例，白细胞减少。值得注意，白细胞总数升高，中性粒细胞增多且核左移，多见于细菌性肺炎；酸性细胞增多，提示变态反应或寄生虫性肺炎；白细胞总数减少，多见于病毒性肺炎。

本病需与小叶性肺炎等疾病进行鉴别。

典型的大叶性肺炎，第5～7天为极期，第8天以后体温即行下降，各种病症均可减轻，全病程为2周左右。典型经过而无并发病的病例，一般可以治愈。但溶解期或其以后继续保持高热，或下降后又重新上升者，均为预后不良之征。

非典型大叶性肺炎，病程有长有短。轻症常止于充血期，并很快康复。重症可出现各种并发病，如肺脓肿、肺坏疽、胸膜炎等，或由于败血、炎症的蔓延、心脏衰弱以及肺水肿等可导致病马死亡。

【防治措施】

治疗原则为加强饲养管理，抗菌消炎，止咳化痰，制止渗出和促进炎性产物吸收以及对症治疗。

首先应将病马置于通风良好、清洁卫生的环境中，供给优质易消化的饲草料。

抗菌消炎，初期应用抗生素或磺胺类药。

止咳化痰，可参见支气管炎。

制止渗出和促进吸收，可静脉注射10%氯化钙或葡萄糖酸钙溶液，或利尿剂。当渗出物消散太慢，为防止机化，可用碘制剂拌入饲料中或灌服。

对症治疗，体温过高可用解热镇痛药，如复方氨基比林、安痛定注射液等。剧烈咳嗽时，可选用祛痰止咳药。严重的呼吸困难可输入氧气。心力衰竭时用强心剂。其他疗法均同支气管肺炎。

预防基本同支气管炎、小叶性肺炎。尤应注意防止条件病因的作用，当怀疑是特殊病原引起时，要采取相应的防治措施。

第三节　循环系统疾病

一、心力衰竭

心力衰竭又称心脏衰弱、心功能不全，是因心肌收缩力减弱或衰竭，致外周静脉过度充盈，使心脏排血量减少，动脉压降低，静脉回流受阻等引起的一种全身血液循环障碍综合征。心力衰竭根据病程长短，可分为急性心力衰竭和慢性心力衰竭；根据发病起因，可分为原发性心力衰竭和继发性心力衰竭，按发生部位分为左心衰竭、右心衰竭和全心衰竭。临床上以呼吸困难，皮下水肿、发绀，甚至心搏骤停和突然死亡为特征。

【病因】

急性原发性心力衰竭主要发生于运动过量的马，尤其是长期饱食逸居的马突然剧烈运动；赛马开始调教和训练时，训练量过大或惩戒过严；在治疗过程中，静脉输液量过多，注射钙制剂、砷制剂、隆朋、浓氯化钾溶液等药物时速度过快；麻醉意外；雷击、电击；心肌脓肿、心房或心室破裂、主动脉或肺动脉破裂、急性心包积血等。

急性心力衰竭还常继发于马传染性贫血、马腺疫等急性传染病，胃肠炎、肠阻塞、日射病等内科病以及中毒性疾病的经过中，多由病原菌及其毒素直接侵害心肌引起。

慢性心力衰竭常继发于心包疾病（心包炎、心脏压塞）、心肌疾病（心肌炎、心肌变性、遗传性心肌病）、心脏瓣膜疾病（慢性心内膜炎、瓣膜破裂、腱索断裂、先天性心脏缺陷）、高血压（肺动脉高血压、高山病、心肺病）等心血管疾病；棉子饼中毒、棘豆中毒、霉败饲料中毒、慢性呋喃唑酮中毒等中毒病，慢性肾炎、慢性肺泡气肿、马驹白肌病的经过中。

【症状】

急性心力衰竭的初期，精神沉郁，食欲不振甚至废绝，易疲劳、出汗，呼吸加快，肺泡呼吸音增强，体表静脉怒张；心搏动亢进，第一心音增强，脉搏细数，有时出现心内杂音和节律不齐。进一步发展，各症状全部严重，且发生肺水肿，胸部听诊有广泛的湿啰音；两侧鼻孔流出多量无色细小泡沫状鼻液。有的步态不稳，易摔倒，常在症状出现后数秒到数分钟内死亡。

慢性心力衰竭（充血性心力衰竭），病情发展缓慢，病程长。除精神沉郁和食欲减退外，多不愿走动，易疲劳、出汗。黏膜发绀，体表静脉怒张。垂皮、腹下和四肢下端水肿，触诊有捏粉样感觉。呼吸比正常深，次数略增多。排尿常短少，尿液浓缩并含有少量白蛋白。初期粪正常，后期腹泻。随着病程的发展，病马体重减轻，心率加快，第一心音增强，第二心音减弱，有时出现相对闭锁不全性缩期杂音，心律失常。心区叩诊心浊音区增大。由于组织器官淤血缺氧，还可出现咳嗽，知觉障碍。

X线检查常可见心肥大、肺淤血或胸腔积液的变化。心电图检查可见QRS复波时限延长和/或波峰分裂、房性或室性期前收缩、阵发性心动过速、心房颤动及房室阻滞。

【诊断】

根据病史和临床特征如静脉怒张，脉搏增数，呼吸困难，垂皮和腹下水肿以及心率加快，第一心音增强，第二心音减弱等症状可做出诊断。心电图描记、X线检查和超声心动图检查资料有助于判定心肌扩张或肥大，对本病的诊断有辅助意义。

根据临床表现，呼吸困难和心源性水肿的特点，以及无创性和（或）有创性辅助检查及心功能的测定，一般不难作出诊断慢性心力衰竭。慢性心力衰竭的临床诊断应包括心脏病的病因（基本病因和诱因）、病理解剖、病理生理、心律及心功能分级等诊断。

应注意与其他伴有水肿（寄生虫病、肾炎、贫血、妊娠等）、呼吸困难（有机磷中毒、急性肺气肿、过敏性疾病等）和腹水（腹膜炎、肝硬化等炎症）的疾病进行鉴别诊断。

突发性心力衰竭，一半多来不及治疗而死亡。多数原发性心力衰竭，经过及时得当的治疗，预后良好。继发性心力衰竭，预后视原发病治疗情况而定。

【防治措施】

治疗原则是消除病因，增强心肌收缩力，改善心肌营养，恢复心脏泵功能。

为增强心肌收缩力，增加心输出量，恢复心脏泵功能，可选用洋地黄类药物。临床应用时，一般先在短期内给予足够剂量（洋地黄化剂量），以后给予维持剂量。

为消除钠、水滞留，促进水肿消退，应限制钠盐摄入，给予利尿剂。

对于心率过快的病马，肌内注射复方奎宁注射液。对于伴发室性心动过速或心脏纤颤的病马，可用静脉滴注利多卡因，直到心律失常消失。如发生室性期前收缩和阵发性心动过速，可应用硫酸奎尼丁。

对于顽固性心力衰竭，可试用肼屈嗪、哌唑嗪、卡托普利等。

为改善心肌营养和促进心肌代谢，可使用ATP、辅酶A、细胞色素c等。还可试用辅酶Q_{10}，它能改善心肌对氧的利用率，增加心肌线粒体ATP的合成，改善心功能，保护心肌，增加心输出量，对轻度和中度心力衰竭有较好效果。

此外，应针对出现的症状，采用健胃、缓泻、镇静等对症治疗。同时要加强护理，限制运动，保持安静，以减轻心脏负担。

对役畜应坚持经常锻炼与使役，提高适应能力，同时也应合理使役，防止过劳。在输液或静脉注射刺激性较强的药液时，应掌握注射速度和剂量。对于其他疾病而引起的继发性心力衰竭，应及时根治其原发病。

二、循环虚脱

循环虚脱又称外周循环衰竭，是血管舒缩功能紊乱或血容量不足引起心排血量减少，组织灌注不良的一系列全身性病理综合征。由血管舒缩功能紊乱引起的外周循环衰竭，称为血管性衰竭。由血容量不足引起的，称为血液性衰竭。临床特征为心动过速、血压下降、低体温、末梢部厥冷、浅表静脉塌陷、肌肉无力乃至昏迷和痉挛。

【病因】

循环虚脱的病因较为复杂，大致可分为以下几种。

血容量突然减少，如外伤性失血、手术失血过多，剧烈呕吐和腹泻、重剧胃肠道疾病引起的严重脱水，以及各种心脏病，均可引起心输出血量减少，血压急剧下降，导致循环虚脱。

剧痛和神经损伤，如剧烈疼痛性疾病，脑脊髓损伤和麻醉意外等使交感神经兴奋或血管运动中枢麻痹，周围血管扩张，血容量相对降低。

严重中毒和感染，常见的疾病如出血性败血症、脓毒血症、大叶性肺炎、流行性脑膜炎以及感染疮等。其感染菌如大肠杆菌、金黄色葡萄球菌、铜绿假单胞菌等，产生大量毒素，引起内中毒，先是因交感神经兴奋，内脏与皮肤等的毛细血管和小动脉收缩，血液灌注量不足，引起缺血、缺氧，产生组胺与5-羟色胺，继而毛细血管扩张或麻痹，形成淤血、渗透性增强、血浆外渗，发生虚脱。

过敏反应，如注射血清和其他生物制剂、抗生素、磺胺类药物产生的过敏反应，在血斑病和其他过敏性疾病的过程中，产生大量血清素、组胺、缓激肽等物质，引起周围血管扩张和毛细血管床扩大，血容量相对减少。

【症状】

随着病程的发展表现出不同的症状。

初期，精神轻度兴奋，烦躁不安，汗出如油，耳尖、鼻端和四肢下端发凉，黏膜苍白，口干舌红，心率加快，脉搏快弱，气促喘粗，四肢与下腹部轻度发绀，显示花斑纹状，呈玫瑰紫色，少尿或无尿。

中期，随着病情的发展，精神沉郁，反应迟钝，甚至昏睡，血压下降，脉搏微弱，心音浑浊，呼吸疾速，节律不齐，站立不稳，步态踉跄，体温下降，肌肉震颤，黏膜发绀，眼球下陷，全身冷汗粘手，反射功能减退或消失，呈昏迷，病势垂危。

后期，血液停滞，血浆外渗，血压急剧下降，微循环衰竭，第一心音增强，第二心音微弱，甚至消失。脉搏短缺。呼吸浅表疾速，后期出现陈-施呼吸或间断性呼吸，呈现窒息状态。

因发病的原因不同，所以临床上会出现其各自病因的特殊症状。因出血引起的，尚有结膜高度苍白、血细胞比容降低等急性出血性贫血的表现；因脱水引起的，尚有皮肤弹性降低、眼球凹陷、血细胞比容增加等表现；因过敏反应引起的，往往突然发生抽搐和肌肉痉挛，粪尿失禁、呼吸微弱等表现；因感染引起的，多伴有体温升高及原发病的相应症状。

病马剖检时，发现全身各个器官都有明显的病理学变化。心肌扩张，心脏内充盈血液，毛细血管充血，肠壁淤血、出血，全身静脉淤血，特别是肝、脾、肾的静脉淤血，肺水肿和淤血，胃肠黏膜坏死。

【诊断】

根据病史，再结合黏膜发绀或苍白，四肢厥冷，血压下降，尿量减少，心动过速，烦躁不安，反应迟钝，昏迷或痉挛等临床表现可以做出诊断。应与心力衰竭进行鉴别诊断。同时应区分外周循环衰竭是由失血引起的，还是由脱水或休克引起的。

对马循环虚脱的诊断，应根据失血、失水、严重感染、过敏反应或剧痛的手术和创伤等病史，再结合黏膜发绀或苍白，四肢厥冷，血压下降，尿量减少，心动过速，反应迟钝，昏迷或痉挛等临床表现可以做出诊断。也可通过具有循环衰竭迹象而查不出心脏异常，但存在已知的原发性病因做出诊断。此时应注意原发性病因所引起的特殊症状，进行确诊。

循环虚脱病程危急，可在短期内死亡，但经积极治疗，一般预后良好。

【防治措施】

一般原则是补充血容量，纠正酸中毒，调整血管舒缩功能，保护重要脏器的功能，及时采用抗凝血治疗。

补充血容量常用乳酸林格液静脉注射，如同时给予10%低分子右旋糖酐注射液，也可使用5%葡萄糖生理盐水、生理盐水、复方生理盐水及5%~10%葡萄糖注射液。可根据皮肤皱褶试验、眼球凹陷程度、血细胞比容及中心静脉压等判断脱水程度，并估算补液量。

纠正酸中毒可用5%碳酸氢钠注射液或11.2%乳酸钠溶液静脉注射。

当采取补充血容量和纠正酸中毒的措施以后，如血压仍不稳定，则应使用调节血管舒缩功能的药物，如山莨菪碱静脉滴注或直接静脉注射。待病马可视黏膜变红，皮肤变温，血压回升时，即可停止用药；硫酸阿托品皮下注射或/和多巴胺静脉滴注。

当病马处于昏迷状态伴发脑水肿时，为了降低颅内压，改善脑循环，常用20%甘露醇或25%山梨醇静脉注射，也可用25%葡萄糖注射液静脉注射。

对于存在弥散性血管内凝血的病马，为减少微血栓的形成，可以使用肝素溶于5%葡萄糖溶液或生理盐水静脉滴注。

进行外周循环衰竭治疗的同时，必须积极治疗原发病，加强护理，改善饲养管理。

三、心肌炎

心肌炎是心肌炎症性疾病的总称。心肌兴奋性增高和收缩功能减退是其病理生理学特征。临床上以急性非化脓性心肌炎比较常见。

【病因】

本病通常继发或并发于某些传染病、寄生虫病、脓毒败血症和中毒病的经过中，多数是病原体直接侵害心肌的结果，或者是病原体的毒素和其他毒物对心肌的毒性作用。免疫反应在风湿病、药物过敏及感染引起的心肌炎的发生上起重要作用。

【症状】

由急性感染引起的心肌炎，绝大多数有发热症状。突出的临床表现是心率增快且与体温升高的程度不相适应。病初第一心音增强、分裂或浑浊，第二心音减弱。心腔扩大发生房室瓣相对闭锁不全时，可听到缩期杂音。重症病例出现奔马律，或有频发性期前收缩。濒死期心音微弱。病初脉搏增数而充实，以后变得细弱，严重者出现脉搏短绌、交替脉和脉律不齐。病至后期，动脉血压下降，多数发生心力衰竭而出现相应的临床表现、心电图特征，病初呈窦性心动过速，继之出现程度不同的单源性或多源性期前收缩以及各种心律失常。

心肌炎时，炎症反应集中于间质和血管周围的结缔组织，伴发水肿并有淋巴细胞、浆细胞、巨噬细胞和不同数量的嗜酸性粒细胞浸润，中性粒细胞一般很少见。心肌纤维的变化和变性的严重性颇不一致，但有时病变的组织学特征却很明显。非化脓性心肌炎初期为局灶性充血，浆液和白细胞浸润。心肌脆弱，松弛，无光泽，心腔扩大。后期，心肌纤维变性，混浊肿胀，颗粒变性，心肌坏死，硬化，呈苍白色，灰红色或灰白色等。局灶性心肌炎，心肌患病部分与健康部分相互交织，当沿着心冠横切心脏时，其切面为灰黄色斑纹，形成特异的虎斑心。

【诊断】

根据病史（是否同时伴有急性感染或中毒病）和临床表现进行诊断。临床表现应注意心率增速与体温升高不相适应、心动过速、心律异常、心脏增大、心力衰竭等。

心功能试验也是诊断本病的一项指标。首先测定病马安静状态下的脉搏次数，后令其步行5min，再测其脉搏数。病马突然停止运动后，甚至2~3min以后，其脉搏仍会增加，经过较长时间才能恢复原来的脉搏次数。

应注意急性心肌炎与下列疾病区别：心包炎、心内膜炎、缺血性心脏病、心肌病、硒缺乏病、心肌营养不良等。

【防治措施】

治疗原则是减少心脏负担，增加心脏营养，提高心脏收缩功能和防治其原发病等。

首先应使用抗生素、磺胺类药或特效解毒剂、桂柴黄注射液（高免血清）等治疗原发病。病初不宜使用强心剂，以防心肌过度兴奋而迅速发生心力衰竭，此时宜在心区冷敷。对具有高度发绀和呼吸困难的病马可给予氧气吸入。心肌炎后期可使用安钠咖或樟脑油，以增强心肌收缩功能，但禁用洋地黄及其制剂，以免病马过早发生心力衰竭，甚至死亡。为了增加心肌营养，改善心脏传导系统功能，可静脉注射25%葡萄糖溶液，也可使用ATP、辅酶A、肌苷、细胞色素c等促进心肌代谢的药物。治疗的同时应加强护理，改善饲养管理，限制运动，避免外界的刺激。

平时对马的饲养管理和使役等方面，也应给予足够的关心和注意，使马增强抵抗力，防止发病和根治其原发病。当患马基本痊愈后，仍需加强护理，慎重地逐渐用于使役，以防复发，甚至突然死亡。

第四节　泌尿系统疾病

一、肾炎

肾炎通常是指肾小球、肾小管或肾间质组织发生炎症的病理过程。临床上以水肿，肾区敏感与疼痛，尿量改变及尿液中含多量肾上皮细胞和各种管型为主要特征。按其病程分为急性和慢性两种，按炎症发生的部位可分为肾小球性和间质性肾炎，按炎症发生的范围可分为弥散性和局灶性肾炎；按引起的病因又可分为原发性肾炎和继发性肾炎。

【病因】

肾炎的发病原因尚不十分清楚，但目前认为本病的发生与感染、毒物刺激、外伤及变态反应等因素有关。

1. 感染因素

多继发于某些传染病的经过之中，如炭疽、结核、传染性胸膜肺炎、败血症、布鲁氏菌病等常常引发或并发肾炎。这是由于病毒和细菌及其毒素作用于肾脏引起，或是由于变态反应所致。

2. 中毒性因素

主要是有毒植物、霉败变质的饲料与被农药和重金属（如砷、汞、铅、镉、钼等）污染的饲料及饮水或误食有强烈刺激性的药物（如斑蝥、松节油等）；内源性毒物主要是重剧性胃肠炎症、代谢障碍性疾病、大面积烧伤等疾病中所产生的毒素与组织分解产物，经肾脏排出时产生强烈刺激而致病。

3. 诱发因素

过劳、创伤、营养不良和受寒感冒均为肾炎的诱发因素。此外，本病也可由肾盂肾炎、膀胱炎、子宫内膜炎、尿道炎等邻近器官炎症的蔓延和致病菌通过血液循环进入肾组织而引起。

肾间质对某些药物呈现一种超敏反应，可引起药源性间质性肾炎，已知能反应的药物有甲氧西林、氨苄西林、先锋霉素、噻嗪类及磺胺类药物。

【症状】

（1）**急性肾炎** 病马食欲减退或废绝，精神沉郁，结膜苍白，消化不良，体温微升。由于肾区敏感、疼痛，病马不愿行动。站立时腰背拱起，后肢叉开或齐收腹下。强迫行走时腰背弯曲，发硬，后肢僵硬，步样强拘，小步前进，尤其向侧转弯困难。

病马频频排尿，但每次尿量较少，严重者无尿。尿色浓暗，比重增高，甚至出现血尿。

肾区触诊，病马有痛感，直肠触摸，手感肾脏肿大，压之感觉过敏，病马站立不安，甚至躺下或抗拒检查。由于血管痉挛，眼结膜显淡白色，动脉血压可升高达29.26kPa（正常时为15.96～18.62kPa）。主动脉第二心音增高，脉搏强硬。

重症病例，见有眼睑、颌下、胸腹下、阴囊部及垂皮处发生水肿。病的后期，病马出现尿毒症，呼吸困难，嗜睡，昏迷。

（2）**慢性肾炎** 病马逐渐消瘦，血压升高，脉搏增数，硬脉，主动脉第二心音增强。疾病后期，眼睑、颌下、胸前、腹下或四肢末端出现水肿，重症者出现体腔积水。尿量不定，尿中有少量蛋白质，尿沉渣中有大量肾上皮细胞和各种管型。血中非蛋白氮含量增高，尿蓝母增多，最终导致慢性氮质血症性尿毒症，病马倦怠，消瘦，贫血，抽搐及出血倾向，直至死亡。典型病症主要是水肿，血压升高和尿液异常。

【诊断】

根据病史（多发生于某些传染病或链球菌感染之后，或有中毒的病史），临床特征（少尿或无尿，肾区敏感、疼痛，主动脉第二心音增强，水肿）和尿液化验（尿蛋白、血尿、尿沉渣中有多量肾上皮细胞和各种管型）进行综合诊断。

实验室诊断检查，尿蛋白质呈阳性，尿沉渣可见管型、白细胞、红细胞及多量的肾上皮细胞。血液稀薄，血浆蛋白含量下降，血液非蛋白氮含量明显增高。有资料报道，马的肾炎，血液蛋白含量下降，血液非蛋白氮可达 1.785mmol/L 以上（正常值为 1.428～1.785mmol/L）。

本病应与肾病鉴别。肾病，临床上有明显水肿和低蛋白血症，尿中有大量蛋白质，但无血尿及肾性高血压现象。

急性肾炎一般可持续 1～2 周，经适当治疗和良好的护理，预后良好。慢性病例，病程可达数月或数年，若周期性出现时好时坏现象，多数难以治愈。重症者，多因肾功能不全或伴发尿毒症死亡。间质性肾炎，经过缓慢，预后多不良。

【防治措施】

肾炎的治疗原则是，消除病因，加强护理，消炎利尿，抑制免疫反应及对症治疗。

消除炎症、控制感染，一般选用青霉素、链霉素、诺氟沙星、环丙沙星、头孢类药物等，合并使用可提高疗效。

免疫抑制疗法：鉴于免疫反应在肾炎的发病学上起重要作用，而肾上腺皮质激素在药理剂量时具有很强的抗炎和抗过敏作用。所以，对于肾炎病例多采用激素治疗，一般选用氢化可的松注射液、地塞米松等。有条件时可配合使用超氧化物歧化酶（SOD）、别嘌醇及去铁胺等抗氧化剂，在清除氧自由基，防止肾小球组织损伤中起重要作用。

为促进排尿，减轻或消除水肿，可选用利尿剂氢氯噻嗪、呋塞米等。

加强饲养管理，防止受寒、感冒，以减少病原微生物的侵袭和感染。禁止饲喂发霉变质饲草饲料，以防中毒。

二、膀胱炎

膀胱炎是膀胱黏膜或黏膜下层的炎症。临床上以疼痛性频尿和尿中出现较多的膀胱上皮细胞、炎性细胞、血液和磷酸铵镁结晶为特征。按膀胱炎的性质，可分为卡他性、纤维蛋白性、化脓性和出血性四种。临床上一般以卡他性膀胱炎多见。

【病因】

膀胱炎的发生与创伤、尿潴留、难产、导尿、膀胱结石等有关。常见病因有细菌感染，除某些传染病的特异性细菌继发感染之外，主要大肠杆菌，其次是葡萄球菌、链球菌、铜绿假单胞菌、变形杆菌等经过血液循环或尿路感染而致病。机械性刺激或损伤，如导尿管过于粗硬，插入粗暴，膀胱镜使用不当以致损伤膀胱黏膜。膀胱结石、膀胱内赘生物、尿潴留时的分解产物以及带刺激性药物，如松节油、酒精、斑蝥等的强烈刺激。也见于邻近器官炎症的蔓延。肾炎、输尿管炎、尿道炎，尤其是母马的阴道炎、子宫内膜炎等，极易蔓延至膀胱而引起本病。毒物影响或某种矿物质元素缺乏。缺碘可引起马的膀胱炎；蕨中毒时因毛细血管的通透性升高，也发生出血性膀胱炎。由脊椎骨折、椎间盘突出及脊髓炎所致的神经损伤或膀胱憩室等引起的尿潴留。由尿毒症、肾上腺皮质功能亢进以及使用肾上腺皮质激素或其他免疫抑制剂等引起的免疫功能降低。

【症状】

急性膀胱炎，典型的临床表现是频频排尿，或屡做排尿姿势，但无尿液排出，病马尾巴翘起，阴户区不断抽动，有时出现持续性尿淋漓、痛苦不安等症状。直肠检查，病马抗拒，表现疼痛不安，触诊膀胱，手感空虚。若膀胱括约肌受炎性产物刺激，长时间痉挛性收缩时可引起尿闭，严重者可导致膀胱自发性穿孔破裂。

尿液检查，终末尿为血尿。尿液混浊，尿中混有黏液、脓汁、坏死组织碎片和血凝块并有强烈的氨臭味。尿沉渣镜检，可见到多量膀胱上皮细胞、白细胞、红细胞、脓细胞和磷酸铵镁结晶等。

慢性膀胱炎，由于病程长，病马营养不良，消瘦，被毛粗乱，无光泽，其排尿姿势和尿液成分与急性者略同。若伴有尿路梗塞，则出现排尿困难，但排尿疼痛不明显。

急性膀胱炎可见膀胱黏膜充血、出血、肿胀和水肿。尿液混浊并含黏液。慢性病例，膀胱壁明显增厚，黏膜表面粗糙且有颗粒。血管丰富的乳头突起可能受到侵蚀。使尿中混有血液和含有大的血凝块。

【诊断】

急性膀胱炎可根据疼痛性频尿、排尿姿势变化等临床特征以及尿液检查有大量的膀胱上皮细胞和磷酸铵镁结晶，进行综合判断。

1. 尿液的常规检查

尿液的检查在诊断上最为重要。尿中若混有大量白细胞，特别是有中性粒细胞时尿混浊（脓尿），呈红褐色（血尿），同时伴有腐败臭味。尿沉渣中出现白细胞、红细胞、膀胱上皮细胞及细菌的，可怀疑为泌尿系统感染，蛋白尿是血细胞成分和膀胱黏膜渗出液产生。

2. 血液学检查

一般无白细胞增加和中性粒细胞核左移现象。有时会出现血红蛋白降低及低蛋白血症。

在临床上，膀胱炎与肾盂肾炎、尿道炎有相似之处，但只要仔细检查分析和全面化验是可区分的。肾盂肾炎，表现为肾区疼痛，肾脏肿大，尿液中有大量肾盂上皮细胞。尿道炎，镜检尿液无膀胱上皮细胞。

急性卡他性膀胱炎，若能及时治疗可迅速痊愈，预后良好。重剧病例，可继发败血症而死亡，也可出现尿阻塞，预后不良。

【防治措施】

本病的治疗原则是加强护理、抑菌消炎、防腐消毒及对症治疗。

抑菌消炎与肾炎的治疗基本相同。对重症病例，可先用0.1%高锰酸钾或1%～3%硼酸，或0.1%的依沙吖啶液，或0.01%苯扎溴铵液，或1%亚甲蓝做膀胱冲洗，在反复冲洗后，膀胱内注射青霉素等。同时，肌内注射抗生素配合治疗。

尿路消毒 口服呋喃妥因，或40%乌洛托品静脉注射。

膀胱冲洗 用2%硼酸溶液经膀胱插管进行冲洗，冲洗后向膀胱内注入庆大霉素等。

净化尿液 口服氯化铵，能使尿液酸化，起到净化作用并增加抗菌药物的效果。

三、尿道炎

尿道炎是指尿道黏膜的炎症，其临床特征为尿频、尿痛、局部肿胀。

【病因】

主要是尿道的细菌感染，如导尿时手指及导尿管消毒不严，或操作粗暴，造成尿道感染及损伤。或尿结石的机械刺激及刺激性药物与化学刺激，损伤尿道黏膜，再继发细菌感染。此外，公马的包皮炎，母马的子宫内膜炎症的蔓延，或其他异物（如草刺等）刺入尿道等也可导致尿道炎。

【症状】

病马频频排尿，尿呈断续状流出，并表现疼痛不安，公马阴茎勃起，母马阴唇不断开张，黏液性或脓性分泌物不时自尿道口流出。作导尿管探诊时，手感紧张，甚至导尿管难以插入。病畜表现疼痛不安，并抗拒或躲避检查。尿液混有黏液、血液或脓液，甚至混有坏死和脱落的尿道黏膜。局部尿道损伤为明显的一过性，或仅在每次排尿开始时滴出血液，也可见不排尿。

根据临床特征和尿道逆行性造影可确诊，如疼痛性排尿，尿道肿胀、敏感，以及导尿管探诊和外部触诊即可确诊。尿道炎的排尿姿势很像膀胱炎。

【诊断】

根据临床特征和尿道逆行性造影可确诊，如疼痛性排尿，尿道肿胀、敏感，以及导尿管探诊和外部触诊即可确诊。尿道炎的排尿姿势很像膀胱炎，但采集尿液检查，尿液中无膀胱上皮细胞。尿液检查有细菌和尿道上皮细胞，无膀胱上皮细胞，尿液混浊度增加，间或含有黏液絮片、脓液絮片和血凝块。尿沉渣检查时，见多量白细胞、脓细胞、红细胞、膀胱上皮细胞及碎片。

本病在临床上一般需与肾炎、膀胱炎等进行鉴别。

【防治措施】

治疗原则是消除病因，控制感染，结合对症治疗。当尿潴留而膀胱高度充盈时，可施行手术治疗或膀胱穿刺。

清洗尿道用0.1%高锰酸钾溶液清洗尿道及外阴部，然后向尿道内推注抗生素溶液。也可静脉注射抗生素如庆大霉素、阿米卡星、氨苄西林钠等，以及乌洛托品。

导尿时操作勿粗暴，严格消毒，避免机械性刺激。

第五节　神经系统疾病

一、脑膜脑炎

脑膜脑炎是软脑膜及脑实质的急性炎症和变性的过程。以伴发高热、脑膜刺激症状、一般脑症状和局部脑症状为特征。

【病因】

原发性脑膜脑炎，一般认为是传染或中毒所引起。

传染性因素，病毒病包括引起脑膜脑炎的传染性疾病，如狂犬病、马腺疫、流行性感冒、乙型脑炎、疱疹病毒感染等。细菌病包括炭疽、结核链球菌感染、葡萄球菌感染、沙门菌病、变形杆菌病等。

中毒性因素，包括重金属毒物铅中毒，类重金属毒物如砷中毒，化学物质如食盐中毒，生物毒素如黄曲霉毒素中毒等。

继发性脑膜脑炎多见于寄生虫病或继发于体内其他部位的感染，如普通圆线虫病、脑脊髓丝虫病等均可继发脑膜脑炎。其他部位的感染，如颅骨外伤、龋齿、鼻窦、中耳、眼球及其他远隔部位的感染，经常蔓延或转移至脑部而发生本病。

此外，马由于过度使役、长途运输、感冒、过热、受寒、卫生条件不良、饲料霉败时，马机体抵抗力降低，是发生本病的诱发因素。

【症状】

脑膜脑炎的临床症状，由于炎症的部位、性质、程度不同，以及颅内压增高的情况等，表现得极为错综复杂，大体上可分为脑膜刺激症状、一般脑症状及局部脑症状。

脑膜刺激症状 脑膜脑炎的脑膜刺激症状，通常被脑实质发炎的症状所掩盖而表现不甚突出。以脑膜炎为主的脑膜脑炎，由于前数段颈髓的脊膜同时发炎，脊神经根受刺激，故常见颈部及背部的感觉过敏，对该部皮肤的轻微刺激或抚摸，即可引出强烈的疼痛反应，同时反射地引起颈部背侧肌肉强直性痉挛，因而可见马头向后仰。对于膝腱反射检查，可见腱反射亢进。以上刺激症状，随着病程的发展而逐渐减弱或消失。

一般脑症状。又称全脑症状，通常是指精神状态、运动及感觉功能、内脏器官的活动状况以及采食饮水和性行为的改变等。初期，马精神轻度沉郁，不听呼唤，目光凝视，不注意周围事物。有的呆立不动，经数小时或一日后，突然呈现兴奋状态，骚动不安，不顾障碍物地前冲，或者做圆圈运动。在数十分钟的兴奋发作后，又陷入沉郁或昏睡状态，意识蒙眬，针刺反应极为迟钝。有的马兴奋与沉郁交替出现，或做无目的地走动，或者倒地不起，但兴奋期逐渐变短，昏睡时间逐渐加长。末期，倒地不起，意识完全丧失，反射大部消失，陷入昏迷状态，有的四肢做游泳样划动，并在身体的凸起部位，如眼眶及髋结节等处，造成擦伤。

除上述精神兴奋及沉郁外，在体温、脉搏、呼吸、消化、泌尿等方面亦发生明显改变。体温在病初升高，可达39～40.3℃。头部增温，在沉郁期体温下降，少数重症病例，体温有低于常温的。脉搏变化不定，且与体温变化不相一致，病初由于迷走神经兴奋，脉搏缓慢，以后由于迷走神经麻痹，脉搏加快。后期脉搏显著加快，节律不齐。呼吸在兴奋期加快，在沉郁期则变慢变深，重症时可出现陈-施呼吸。食欲减损，或完全废绝，采食和饮水的方式亦发生异常。

局部脑症状是由于脑实质细胞或脑神经核受刺激或损伤所引起的症状。其属于神经功能亢进的症状，有眼球震颤、眼斜视、瞳孔大小不等、鼻唇部肌肉挛缩、牙关紧闭以及舌的纤维性震颤等；其属于神经功能减退的症状，有口唇歪斜、耳下垂、舌脱出、吞咽障碍、听觉减弱、视觉消失、嗅觉及味觉的错乱等，嗅觉及味觉错乱的病马，在给以臭药水也能喝下。以上局部脑症状，虽可单独出现，但经常合并出现，有的在疾病基本治愈后，还会长期残留后遗症，如半侧身躯瘫痪或某一外周神经麻痹等。

【诊断】

根据意识障碍迅速发展，兴奋沉郁交替发生，明显的运动和感觉功能障碍，如圆圈运动、肌肉痉挛、偏瘫、视觉或听觉障碍等，一般不难诊断。

实验室检查，红细胞沉降率减慢，白细胞总数增多，中性粒细胞百分比增高。脑脊髓液压力增高，脑脊髓液混浊，蛋白质和细胞含量增高，在化脓性脑膜脑炎时，脑脊髓液中除有多数中性粒细胞外，还有大量细菌，而由病毒或毒素、毒物引起的脑膜脑炎，脑脊髓液中的细胞主要为淋巴细胞。

应注意与病毒性脑炎、脑挫伤及脑震荡、慢性脑室积水、热射病和日射病、发霉饲料及有毒植物中毒和肝病等疾病进行鉴别。

【防治措施】

治疗原则为加强护理，降低颅内压，消炎解毒，调整大脑皮质功能以及对症治疗等。

应将病马置于宽敞处，多铺垫草，防止撞伤，避免一切刺激，保持安静，注意保温，防止感冒，给清洁饮水（内加少许食盐），喂良干草及易消化的饲料。病马不能自行采食时，可灌服豆浆或牛奶等，以行人工营养。

为降低颅内压，消除脑水肿，可先由颈静脉放血，随即输注等量5%葡萄糖生理盐水溶液，并加入40%乌洛托品溶液。如同时静脉注射25%山梨醇或20%甘露醇溶液，效果更佳。

为消炎解毒，常用10%磺胺嘧啶钠注射液，增效磺胺嘧啶注射液静脉注射；此外，也可用青霉素、链霉素、盐酸四环素等肌内或静脉注射。

为调节大脑皮质兴奋抑制过程，可用安溴注射液静脉注射。

当病马过度兴奋，狂躁不安时，可肌内注射2.5%盐酸氯丙嗪注射液。当有心力衰竭时，可用安钠咖等强心剂。病马肠弛缓，排粪迟滞的，可内服硫酸钠、硫酸镁等缓泻剂，必要时，须行人工取粪。排尿困难的，应实施导尿。有神经肌肉麻痹时，可用盐酸士的宁与藜芦素，交互肌内注射。也可用5%盐酸硫胺液肌内注射。

要防止过热、过劳，炎热季节要充分饮水，按时喂盐。对有可能诱发脑膜脑炎的一些传染病和中毒病等，要采取隔离消毒措施，杜绝疾病蔓延传播。对于有可能蔓延至脑部的外伤感染，要注意彻底治愈。

二、日射病及热射病

日射病或热射病又称中暑，是因暴晒、潮湿闷热、体热放散困难所引起的一种急性病。临床上以突然发病，体温显著升高，循环衰竭和一定的神经症状为特征。

【病因】

酷暑盛夏时日光直射头部，或气温高，湿度大，风速小，散热困难，是中暑发生的外因；驮载过重，骑乘过快，肌肉活动剧烈，代谢旺盛，产热增多，是中暑发生的内因；缺乏耐热锻炼，饮水不足，体质肥胖，皮肤卫生不良，是中暑发生的诱因。

【症状】

病初倦怠，四肢无力，运步缓慢，步样不稳，呼吸加快，全身大出汗，喜往树荫下走，停步不前，甚至鞭策不动；以后病情迅速发展，体温升高可达42℃或以上，汗液分泌减少或停止，皮温增高，触摸体表感觉烫手。眼结膜高度潮红，心搏动增强，脉搏急速，每分钟多达100次以上，呼吸高度困难，呼吸数每分钟亦在百次以上，鼻翼开闭频繁，两肋扇动，腹肌也参与呼吸运动，肺泡呼吸音异常粗厉。口腔干燥，食欲废绝，但想饮水。由于脑及脑膜充血和急性脑水肿，都具有明显的一般脑症状，多数病例精神沉郁，站立不稳，但有少数病例初期可呈现短时间的兴奋，狂暴不安，乱冲乱撞，难于控制，迅速转为沉郁。后期，高热昏迷，卧地不起，肌肉痉挛，意识丧失，呼吸浅表急速，节律不齐，脉搏微弱，甚至不感于手，由口、鼻喷出粉红色泡沫，结膜变蓝紫色，血液黏稠，呈暗赤色。濒死前，由于热调节中枢衰竭，体温可下降，多死于窒息或心脏麻痹。

中暑发展迅速，短者数小时，长者1～2天，或彻底治愈，或转归不良。轻症中暑，如治疗得当，可很快好转。有严重脑症状的，或高热持久不降者，预后多不良，并发严重脑出血的，可能突然死亡。

【诊断】

气温在30℃以上，有太阳暴晒病史。病马有神经症状，发病急，死亡快。剖检见脑膜充血、出血、肺水肿，其他脏器无明显变化。

根据炎热天气或在闷热马舍及拥挤的车船中发病，以及体温过高、心肺功能障碍和倒地昏迷等症状，不难诊断，应与炭疽、脑炎等疾病进行鉴别。

【防治措施】

本病的治疗原则是加强护理，促进降温，缓解心肺功能障碍，纠正酸中毒和治疗脑水肿。

降温疗法，对中暑马效果确实，为此可采用物理降温或药物降温。物理降温，可用冷水泼身，头颈部放置冰袋，或用冰盐水灌肠。药物降温，可应用氯丙嗪肌内注射，也可混在生理盐水中行点滴静脉注射。氯丙嗪可抑制丘脑下部体温调节中枢，解除保温作用；扩张外周血管，加强散热作用；降低代谢和耗氧率，减轻乏氧性损害。但氯丙嗪会引起血压下降，使心率加快，对昏迷病马用之应慎重。降温疗法，一般在体温降至39～40℃时，即可停止降温，以防体温过低，发生虚脱。

为维护心肺功能，对伴发肺充血及肺水肿的病马，先用适量强心剂（如安钠咖、毒毛花苷K等）后，立即静脉泻血，泻血后即用等量复方氯化钠液或生理盐水静脉注射。

为纠正酸中毒，可应用5%碳酸氢钠液静脉注射，或用洛克液（氯化钠8.5g，氯化钙0.2g，氯化钾0.2g，碳酸氢钠0.2g，葡萄糖1g，蒸馏水1000mL）静脉注射。

为治疗脑水肿，可用20%甘露醇、25%～50%葡萄糖液静脉注射。

对狂暴不安的病马，可用水合氯醛灌肠，亦可用安溴注射液、氯丙嗪等。

对发生高钾血症的病马，为补充钙离子以及对抗钾离子对心肌的不良作用，可用10%葡萄糖酸钙或乳酸钙液静脉注射。

在护理上，对役马应立即停止使役，并将病马移在荫凉树下或宽敞、荫凉、通风处，对在室外或野外已倒地的马，可临时搭荫棚，避免日光直射，多给清凉饮水。

夏季应避免在烈日下暴晒，亦应多饮水，避免马厩潮湿闷热。

三、脊髓挫伤

脊髓挫伤是由于脊椎骨折、外伤等原因引起的脊髓损伤，临床上以呈现脊髓节段性的运动及感觉障碍或排粪排尿障碍为特征，常发生于腰髓及颈髓，较少发生在胸髓。

【病因】

本病通常是由于打扑、冲撞、摔倒、跌落、车轮碾压、或奔驰跳跃时肌肉的强烈收缩，致使脊椎骨骨折、脱位或捻挫而损伤脊髓所致。在诊疗过程中，如果马挣扎，保定不当，往往发生脊椎骨折而引起脊髓挫伤，患有纤维性骨营养不良的马匹，最易出现这种情况。

【症状】

由于外伤引起的脊髓挫伤，脊柱可呈现局限性隆起，感觉过敏，检手压迫时能听到擗啪音。X线透视和照相，其病变部位更为明显。直肠检查间或能够感知腰椎的骨折部。脊髓损伤后的短时间内，损伤部后方脊髓支配区域的肌肉可出现痉挛性收缩，有时出现局部的反射性出汗，并且经常是间隔一定时间后，才出现脊髓损伤的固有症状，如不注意，往往误诊。

颈髓全横径损伤时，由于支配呼吸肌的神经核与延脑呼吸中枢联系中断，可迅速死亡。在膈神经起点（在第5、6、7节段颈髓）后方的脊髓发生全横径损伤时，马的呼吸不致中断，但可出现躯干、尾及四肢的感觉障碍和运动麻痹，并且呈现以膈肌运动为主的呼吸动作（膈呼吸），头部的反射及运动功能一般无改变，有的由于颈部交感神经受刺激，可发现瞳孔散大。由于后躯仍保有完整的反射弧，且来自脑的抑制影响的消失，可能出现反射亢进。病马常呈现不随意的排粪和排尿动作，或者相反，出现排粪迟滞及尿潴留。

胸髓全横径损伤时，呈现躯干、尾及四肢的感觉消失及运动麻痹（瘫痪），前肢的反射功能消失，后肢的反射功能亢进，损伤部前方的神经功能一般保持不变。

腰髓前1/3损伤时，臀部、尾及后肢的感觉消失和运动麻痹，反射功能增强。腰髓中1/3损伤时，除后肢的感觉消失及瘫痪外，由于股神经核损伤，膝腱反射消失，至于会阴反射和肛门反射或保持不变，或者增强。腰髓后1/3损伤时，后肢的坐骨神经支配区域的感觉消失和运动麻痹，尾和直肠括约肌亦麻痹，肛门开张，肛门反射消失。由于膀胱括约肌麻痹，马不能控制定时的排尿，以致发生尿淋沥。

脊髓半横径损伤，临床少见，如果发生，则出现损伤侧的运动麻痹和深感觉障碍，而对侧出现浅感觉（痛觉）消失。

【诊断】

根据病马感觉功能和运动功能障碍以及排粪排尿异常，结合病史分析，可做出诊断，但应与下列疾病进行鉴别。麻痹性肌红蛋白尿一般多发生于休闲的马在剧烈使役过程中突然发病。其主要特征是后躯运动障碍，尿中含有褐红色肌红蛋白。骨盆骨折的病畜，其皮肤感觉功能无变化，直肠与膀胱括约肌功能也无异常，通过直肠检查或X线透视可诊断出受损害的部位。肌肉风湿病，多因感受风寒及曾患溶血性链球菌感染而引起，表现为肌肉、筋膜或关节的疼痛和功能障碍，疼痛的部位有转移游走的倾向并有时轻时重的现象，有的病马在运动后，肌肉疼痛和运步异常可见减轻，多无排粪排尿异常，故与脊髓挫伤不同。

轻度脊髓挫伤，有治愈的可能。较重的脊髓挫伤，常因继发褥疮、败血症、膀胱炎、肾盂肾炎或沉积性肺炎而导致死亡，预后不良。

【防治措施】

在护理上，应使病马保持安静，避免活动，减少刺激，喂给易消化及富于营养的饲料，多铺垫草，防止褥疮，初期可于损伤部位施行冷敷，以后为促进渗出物吸收，宜行热敷，或涂擦樟脑、酒精等皮肤刺激剂，由外伤或弹片引起的脊髓挫伤，须行外科手术治疗。

病畜疼痛不安时，可用水合氯醛、溴制剂或盐酸吗啡、哌替啶（杜冷丁）等镇静止痛药。为防止感染，可用青霉素、链霉素或磺胺制剂。心力衰竭时，可应用安钠咖等强心剂。排粪迟滞的，可内服缓泻剂，或定期由直肠内取出宿粪，排尿困难时，应行人工导尿。对于肌肉麻痹的，应勤加按摩，或行感应电疗法，也可用士的宁与藜芦素，交替肌内注射。

对舍饲或放牧马，均应加强管理，经常锻炼，防止打扑、摔伤；诊疗时对马保定要确实，避免发生椎骨骨折或椎骨脱位，以致造成脊髓损伤。

第三章 外科病

第一节 损伤

损伤是由各种不同外界因素作用于机体，引起机体组织器官产生解剖上的破坏或生理上的紊乱，并伴有不同程度的局部或全身反应的病理现象。损伤包括开放性损伤（创伤）和非开放性损伤（挫伤、血肿、淋巴外渗）。

一、开放性损伤

开放性损伤是因锐性外力或强烈的钝性外力作用于机体组织或器官，使受伤部皮肤或黏膜出现伤口及深在组织与外界相通的机械性损伤。

【病因】

各种锐性机械损伤，如切割、砍伤、刺伤、划伤、手术伤等。强烈钝性物体也可造成皮肤及深部组织破损，形成严重创伤。创伤模式见图3-1。

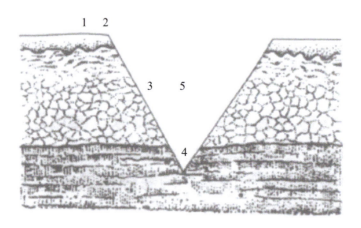

图3-1　创伤模式
1—创围；2—创缘；3—创壁；4—创底；5—创腔
引自《兽医外科学》

【症状】

开放性损伤的共有症状如下。

出血：出血轻重与受损伤的血管种类和大小有关，多见混合性出血。外出血易看到，易止血，但内出血应早期确诊，诊断主要是全身检查、局部穿刺及实验室检查。

裂开：受伤的组织断离和收缩而裂开，裂口的大小与致伤物、受伤的部位、创伤的深度、大小有密切的关系。一般活动大的部位，肌肉横断多的部位，裂口大。裂口较大时，易污染、出血多、不易愈合。

疼痛：由于皮肤、肌肉损伤，支配它们的神经也受损伤，再由于局部炎症反应刺激神经，都反射地引起疼痛。有原发性疼痛、继发性疼痛、炎症疼痛。疼痛可引起休克、全身性功能紊乱。

功能障碍：由于创伤造成局部的组织学结构破坏，再加之疼痛，所以局部出现明显的功能障碍，在四肢部更加明显，如神经麻痹、跛行等。

特有症状　某些创伤具有特殊的症状，因它与致伤的原因有关，与受伤的部位有关。毒创（毒蛇咬、蜂蜇）：局部伤口小，迅速肿胀、疼痛。全身症状很快出现而且较重。头部创伤：脑震荡——脑内出血、休克、瘫痪。面神经麻痹——口眼歪斜、饮水障碍。腹部创伤：肠脱出、内脏破裂，内出血，腹膜炎。四肢创伤：跛行。创伤按其伤口经过的时间可分为新鲜创、化脓创和肉芽创。

【治疗】

治疗原则：正确处理局部治疗与全身治疗的关系：抗休克，纠正水和电解质失衡，小创伤可局部治疗，大创伤局部加全身治疗。预防和消除创伤感染，促进和保护肉芽再生，新鲜创防止感染，化脓创治疗感染。去除影响创伤愈合的因素，及时找出不良因素，迅速排除，加速创伤愈合。

新鲜创的治疗：早期处理，防止感染，争取一期愈合或缩短二期愈合的时间。

早期外科处理：创伤发生12h，这时细菌只是污染而没感染，处理得当可一期愈合。

延期外科处理：创伤发生后12～24h，这时处理防止感染有困难，因细菌已和组织发生生物学接触，如机体状况良好，组织破坏不严重，处理得当，也可防止感染。

晚期外科处理：创伤发生后24～72h，这时处理只能减轻感染，如机体抵抗力强，创面平整坏死组织少，细菌毒力不强，有时也可不感染。

1. 新鲜创的具体治疗措施

（1）**止血** 钳夹、填塞、结扎止血及全身止血。

（2）**清洁创围** 伤口处用无菌纱布覆盖，创周剪毛，消毒。

（3）**清创** 借助器械和消毒药物去除血凝块、坏死组织、异物、消除死腔，扩大创口，必要时可做辅助切口。

（4）**撒入药物** 创内可撒磺胺类药物或抗菌类药物，较深的刺创可向内注入5%碘酊。

（5）**包扎或缝合** 小的伤口可包扎，大的伤口（胸腹腔透创）先缝合，再包扎，手术创、四肢下部的创必须包扎，以防感染。

（6）**局部理疗** 局部可用干热疗法，也可用红外线或紫外线灯照射。

（7）**全身治疗** 预防感染，可肌注抗生素或磺胺类药物，防止破伤风感染，可注射破伤风抗毒素。

图3-2 鞍挽具损伤（见彩图）

2. 化脓创的具体治疗措施

控制感染，加速炎性产物净化，通畅引流，防止全身感染，为组织再生创造条件（见图3-2和图3-3）。如局部治疗同时全身使用大剂量抗生素，防止转为全身感染。

（1）**清创** 剪去创周被毛，去掉血凝块、异物，用消毒药彻底冲洗，创伤肿胀严重时用10%氯化钠、硫酸镁、硫酸钠等溶液冲洗。厌氧菌感染应用0.1%高锰酸钾、3%双氧水冲洗。铜绿

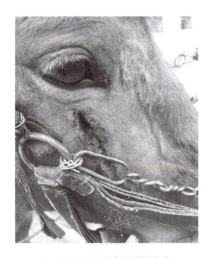

图3-3 马副鼻窦蓄脓术后化脓创（见彩图）

假单胞菌感染可用3%硼酸、2%乳酸等冲洗。坏死组织较多应手术方法将其切除,创口引流不畅的扩创。

（2）**伤口用药** 可用碘仿磺胺粉、生肌散等。

（3）**深部化脓创** 引流条引流,多采用开放疗法,四肢下部创伤应包扎。

（4）**全身治疗** 用抗菌消炎、对症治疗,输液并加入碳酸氢钠等药物。

3.肉芽创的具体治疗措施

促进肉芽生长,防止其赘生,加速上皮再生（见图3-4）。

（1）**清洁创围** 药物冲洗,用生理盐水、0.1%呋喃西林等。

（2）**伤口用药** 可用魏氏油膏、10%磺胺软膏、青霉素软膏、氧化锌软膏等。

（3）**缝合植皮** 创面较大的肉芽创,可进行部分缝合,加速其愈合,减少瘢痕;植皮用于大面积损伤或烧伤,减少瘢痕的形成。

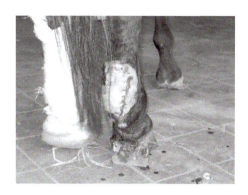

图3-4 马增生肉芽创（见彩图）

（4）**赘生肉芽的处理** 可用硝酸银棒、高锰酸钾粉、硫酸铜等将其腐蚀掉,也可用手术切除,创面涂药后打压迫绷带。

（5）**全身局部治疗** 全身可用抗菌消炎药,局部可用红外线、紫外线、微波进行照射。保护好局部,防止动物摩擦、啃咬。

二、非开放性损伤

非开放性损伤是指由于钝性外力（撞击、挤压、跌倒等）而致伤,受伤部位的皮肤或黏膜保持完整,但已发生皮肤或黏膜以及深部组织的损伤,常见的有挫伤、血肿和淋巴外渗。

（一）挫伤

挫伤是机体在钝性外力直接作用下,引起组织的非开放性损伤。

【病因】

被马蹴踢、棍棒打击、车辆冲撞、跌倒或坠落于硬地上都容易发生挫伤。

【症状】

受伤的深浅与组织不同,其临床表现也不同。主要症状为局部肿胀、疼痛,有的地方被毛脱落或皮肤表层破损。

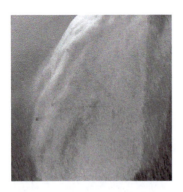

图3-5 棍棒打击后的皮下组织挫伤(见彩图)

(1)皮下组织挫伤 多由皮下组织小血管破裂引起。少量的出血常发生局限性小出血斑(点状出血);大量出血时,常发生溢血或皮下积血。皮下出血后小部分血液成分被机体吸收,大部分发生凝固,有时皮下组织与皮肤发生剥离,挫伤部皮肤初期呈黑红色,逐渐变成紫色、黄色后恢复正常(见图3-5)。

(2)肌肉挫伤 轻度的肌肉挫伤为肌肉淤血或出血,重度的挫伤可致肌肉坏死,挫伤部肌肉软化呈泥样,愈合后常出现局部组织的功能障碍。

(3)皮下深部组织挫伤 包括骨骼、肌肉、关节、神经、腱、滑液囊的挫伤,深部组织挫伤的同时常伴有内脏器官破裂和筋膜、肌肉、腱的断裂。肝脏、肾脏、脾脏较皮肤和其他组织脆弱,在强烈的钝性外力作用下更易发生破裂。脏器破裂后形成严重的内出血,常易导致休克的发生。

(4)神经的挫伤 多为末梢性损害,损伤后神经所支配的区域发生感觉和运动障碍,肌肉呈渐进性萎缩;脊髓发生挫伤时,因病变部位不同可发生呼吸麻痹、后躯麻痹或粪尿失禁等症状。

【治疗】

治疗原则:正确处理局部治疗与全身治疗的关系,抗休克,纠正水和电解质失衡,制止溢血和渗血,促进炎性产物的吸收,镇痛消炎,防止感染,加速组织的修复能力。受到强力外力的挫伤时要注意全身状态的变化。

（1）**冷疗和热疗**　急性炎症初期热痛明显时实施冷却疗法，消除急性炎症，缓解疼痛。2～3天后应促进炎性产物消散吸收，可改用温热疗法、中波超短波疗法、红外线疗法等，以恢复功能。

（2）**刺激疗法**　炎症慢性化时进行刺激疗法。涂氨搽剂（氨与蓖麻油以1∶4进行混合）、樟脑酒精等，引起一过性充血促进炎性产物吸收，对促进肿胀的消退有良好的效果。

（二）血肿

血肿是由于各种外力作用，导致血管破裂，溢出的血液分离组织，形成充满血液的空腔。

【病因】

血肿，常见软组织非开放性损伤，马的血肿经常发生在胸前、鬐甲、股部、腕和跗部。血肿的形成速度较快。其大小决定于受伤血管的种类、粗细和周围组织的形状。一般成局限性肿胀，且能自然止血。较大的动脉断裂时，血液沿筋膜下或肌间浸润，形成弥散性血肿。

【症状】

受伤部位迅速肿胀、增大，呈明显的波动感并饱满有弹性。4～5天后肿胀周围坚实，并有捻发音，中央部有波动，局部增温。穿刺时，可排出血液（见图3-6）。有时感染、化脓，可见局部淋巴结肿大和体温升高等全身症状。临床上需与淋巴外渗、脓肿、疝、肿瘤等鉴别诊断。

【治疗】

治疗原则：制止溢血、防止感染、排除积血。

24h以内：局部剪毛，清洗后涂5%碘酊，冷疗，注射止血药和氯化钠。

24h以后：小血肿可自行消散或辅以热敷促进消散。大血肿在发

图3-6　马的血肿穿刺放血（见彩图）

病4~5天后，穿刺，排出积血，注入可的松与抗生素，压迫绷带。7天后切开，排出积血、血凝块及挫灭的组织。如有出血，采用结扎法；若感染形成脓肿，采用切开法。

（三）淋巴外渗

淋巴外渗是在钝性外力作用下，淋巴管破裂，致使淋巴液积聚在组织内形成的（见图3-7）。

图3-7 被马踢伤淋巴管引起的淋巴外渗（见彩图）

【病因】

钝性外力在动物体上强行滑擦，致使皮肤或筋膜与其下部组织发生分离，淋巴管发生断裂。

【症状】

淋巴外渗在临床上发生缓慢，一般于伤后3~4天出现肿胀，并逐渐增大，有明显的界限，呈明显的波动感，皮肤不紧张，炎症反应轻微。穿刺液为橙黄色稍透明的液体，或其内混有少量的血液。时间较久者，析出纤维素块，如囊壁有结缔组织增生，则呈明显的坚实感。

【治疗】

首先使马匹安静，避免刺激患部，有利于淋巴管断端的闭塞。较小的淋巴外渗可不必切开，于波动明显部位，用注射器抽出淋巴液，然后注入95%酒精或1%酒精福尔马林液（95%酒精99mL，福尔马林1mL），停留片刻后，将其抽出，以使淋巴液凝固堵塞淋巴管断端，制止淋巴液流出。应用一次无效时，可行第二次注射。

较大的淋巴外渗，可行切开，排出淋巴液及纤维素，用酒精福尔马林液冲洗，并将浸有上述药液的纱布填塞于腔内，做假缝合。当淋巴管完全闭塞后，可按外伤治疗。

治疗时应当注意，长时间的冷敷能使皮肤发生坏死，温热、刺激剂和按摩疗法，均可促进淋巴流出和破坏已形成的淋巴栓塞，都不宜应用。

三、损伤并发症

1. 溃疡

溃疡是皮肤或黏膜上久不愈合的病理性肉芽创,常以愈合迟缓、上皮和瘢痕组织形成不良为特征。

【病因】

外科感染;异物、机械性损伤、分泌物、排泄物、炎性产物的刺激;防腐消毒药的选择和使用不当;局部血液循环、淋巴循环、物质代谢的紊乱;急性和慢性中毒;中枢神经系统和外周神经的损伤或疾病所引起的神经营养紊乱;某些传染病如马的流行性淋巴管炎。

【症状】

（1）**单纯性溃疡** 溃疡表面被覆蔷薇红色、颗粒均匀的健康肉芽。肉芽表面覆有少量黏稠、黄白色的脓性分泌物,干涸后形成痂皮。溃疡周围皮肤及皮下组织肿胀,缺乏疼痛感。若炎性刺激持续存在,溃疡出现明显炎性浸润,肉芽创呈鲜红色,表面覆大量脓性分泌物。

（2）**炎性溃疡** 因长期受到机械性、理化性物质的刺激及生理性分泌物和排泄物的刺激以及脓汁和腐败性液体潴留的结果。溃疡呈明显的炎性浸润。肉芽组织呈鲜红色。有时因脂肪变性而呈微黄色。表面被覆大量脓性分泌物,周围肿胀,触诊疼痛。

（3）**坏疽性溃疡** 见于冻伤、湿性坏疽及不正确的烧烙之后。以组织的进行性坏死和溃疡为特征。溃疡表面被覆软化污秽无构造的组织分解物,并有腐败性液体浸润。常伴发明显的全身症状。

（4）**水肿性溃疡** 常发生于心脏衰弱、局部静脉血液循环被破坏的部位。表现肉芽组织苍白脆弱呈淡灰白色,溃疡周围组织水肿,无上皮形成。

（5）**褥疮及褥疮性溃疡** 褥疮是局部受到长时间的压迫后所引起的因血液循环障碍而发生的皮肤坏疽。常见于马匹的突出部位。坏死区与健康组织间界限明显。剥离坏死组织后其表面被覆少量黏稠黄白色的脓汁。

【治疗】

（1）**单纯性溃疡**　保护肉芽，防止其损伤，促进肉芽正常发育和上皮形成。可使用2%～4%水杨酸的锌软膏、鱼肝油软膏等。禁用对细胞有强烈破坏作用的防腐剂。

（2）**炎性溃疡**　除去病因，用浸有20%硫酸镁或硫酸钠溶液的纱布清洗创面。溃疡周围可用青霉素盐酸普鲁卡因溶液封闭。局部禁止使用有刺激性的防腐剂。如有脓汁潴留时，应切开创囊排净脓汁。

（3）**坏疽性溃疡**　局部治疗在于早期剪除坏死组织，用刺激性小的消毒防腐液冲洗，促进肉芽生长。全身治疗以补液、强心、利尿和对症治疗为原则，目的在于防止中毒和败血症的发生。

（4）**水肿性溃疡**　消除病因，局部可涂鱼肝油、植物油并包扎绷带。全身治疗应强心、利尿，调节心脏功能活动，消除水肿，并改善患病马匹的饲养管理。

（5）**褥疮及褥疮性溃疡**　对形成的褥疮，可涂擦3%～5%甲紫酒精或3%煌绿溶液。夏天应当多晒太阳，还应用紫外线和红外线照射。平时应尽量预防褥疮的发生。

2.窦道

窦道是狭窄不易愈合的病理管道，其表面被覆上皮或肉芽组织。窦道可发生于机体的任何部位。借助管道使深在组织（结缔组织、骨或肌肉组织等）的脓窦与体表相通，其管道一般呈盲管状。

【病因】

异物、化脓坏死性炎症、深部创伤时脓汁不能通畅排除或长期不正确地使用引流等。

【症状】

从体表窦道口不断排出脓汁。脓汁的性状、数量等因致病菌的种类和坏死组织的情况不同而异。窦道在急性炎症期，局部炎症反应明显。

当窦道化脓严重，深部有大量脓汁潴留时，出现明显的全身症状。陈旧性窦道一般全身症状不明显。

【诊断】

除对窦道口的状态、排脓的特点及脓汁的性状进行细致的检查外，还要对窦道的方向、深度、有无异物等进行探诊，探诊时可用灭菌金属探针、硬质胶管。有时可用消毒过的手指进行。如发现异物应进一步确定其存在部位、与周围组织的关系、异物的性质、大小和形状等。防止感染扩散和人为的窦道发生。必要时亦可进行X线诊断。

【治疗】

治疗原则：消除病因和病理性管壁，通畅引流。首先清理坏死组织，然后灌注10%碘仿、魏氏流膏或3%过氧化氢与0.2%高锰酸钾水联合应用。如窦道口过小，可扩创，导入引流物，以利于脓汁排出。

3.瘘管

瘘管指狭窄不易愈合的病理管道，可借助于管道使体腔与体表相通或使空腔器官互相交通。先天性瘘是由于胚胎期间畸形发育造成的，如脐瘘、膀胱瘘、直肠-阴道瘘等。此瘘管壁多被覆上皮组织。后天性瘘是由于腺体器官及空腔器官的创伤或手术之后发生的。马匹常见的有腮腺瘘、食管瘘、肠瘘、乳腺瘘等。

【病因】

先天性瘘是由于胚胎期间畸形发育的结果。后天性瘘是由于腺体器官及空腔器官的创伤或手术之后发生。

【症状】

动物常见的有胃瘘、肠瘘、食管瘘、腮腺瘘及乳腺瘘等，可分为以下两种。

（1）**排泄性瘘** 其特征是经过瘘的管道向外排泄空腔器官的内容物（尿、饲料、食糜及粪等）。

（2）**分泌性瘘** 其特征是经过瘘的管道分泌腺体器官的分泌物（唾液、乳汁等）。如腮腺瘘和乳腺瘘的特征是当动物采食或挤乳时，有大量唾液和乳汁呈滴状或线状从瘘管射出。

【治疗】

对胃瘘、肠瘘、食管瘘、尿道瘘等排泄性瘘管必须采取手术治疗。用纱布堵塞瘘管口，沿瘘管周围做组织切开，分离瘘管，剥离粘连的组织周围，找出通向空腔器官的内口，除去堵塞物，检查内口的状态，根据情况对内口进行修整手术、部分切除术或全部切除术，密闭缝合空腔脏器，修整周围组织，闭合切口并做引流。手术中要尽可能防止污染新创面，以争取第一期愈合。

第二节　眼病

一、结膜炎

结膜炎是指眼结膜受到外界刺激和感染引起的炎症，是最常见的一种眼病。

【病因】

机械性因素：结膜外伤，各种异物落入结膜囊内或粘在结膜面上。化学性因素：各种化学药品或农药误入眼内。传染性因素：传染病及衣原体、支原体、真菌、革兰阳性菌。本病常继发于邻近组织的疾病，如上颌窦炎、泪囊炎、角膜炎等，重剧的消化器官疾病及多种传染病经过中，常并发所谓症候性结膜炎。眼感觉神经麻痹也可引起。

【症状】

共同症状是羞明、流泪、结膜充血、结膜肿胀、眼睑痉挛有渗出物及白细胞浸润。

卡他性结膜炎：结膜潮红，肿胀，充血，流黏液或浆液、或黏液脓性分泌物。临床上可分为急性型和慢性型两种。

（1）**急性型**　病轻时结膜及穹窿部肿胀，呈鲜红色，分泌物较少，初期似水，继而变成黏液性。重症时，眼睑肿胀，有热痛，羞明，充血明显，甚至出现红斑。炎症可波及球结膜，有时角结膜也呈轻微混浊。

（2）**慢性型** 常由急性转化来，结膜轻度充血，呈暗红色或黄色，病期较长者，结膜变厚呈丝绒状并有少量分泌物。

化脓性结膜炎：因感染化脓菌或在某种传染病经过中发生，也可由卡他性结膜炎发展而来。眼内流出多量脓性分泌物混以炎性细胞、泪膜等，上、下眼睑常被粘在一起。

【治疗】

急性卡他性结膜炎：充血显著，初期用3%硼酸溶液洗眼或冷敷；分泌物变为黏稠时，则改为温敷，再用0.5%～1%硝酸银溶液点眼。用药后10min后用生理盐水冲洗。若分泌物减少或趋于吸收时，用0.5%～2%硫酸锌溶液点眼较好。

慢性结膜炎：以温敷为主，局部可用较浓的硫酸锌或硝酸银溶液，或用硫酸铜棒轻擦上下眼睑，擦后立即用硼酸溶液冲洗，然后再进行温敷。

顽固化脓性结膜炎：先用1%碘仿软膏涂布，然后用普鲁卡因青霉素眼底封闭，再根据情况应用广谱抗生素。

二、角膜炎

角膜炎是角膜在致炎因素作用下发生炎症反应所引起的炎性疾病。

【病因】

因角膜外伤，细菌、真菌及病毒侵入角膜引起的炎症；眼睑内翻、倒睫的刺激、笼头压迫、异物刺激等；刺激性强的药物、防腐剂、邻近组织炎症的蔓延等。

【症状】

共同症状是羞明、流泪、疼痛、眼睑闭合、角膜混浊、角膜损伤或溃疡。轻度的角膜炎常不易被直接发现，只有在阳光斜照下可见角膜表面粗糙不平。大面积溃疡时，可见角膜白斑翳，甚至造成角膜瘘管。

外伤性角膜炎常可找到伤痕，透明的表面变为淡蓝色或蓝褐色。由于致伤物的种类和力量不同，外伤性角膜炎可出现角膜浅创、深创或贯穿创；并均出现角膜周围充血，然后再新生血管。

【治疗】

急性期可用生理盐水或3%硼酸溶液冲洗，每日3次或多次。

为了促进角膜混浊的吸收，可向病马眼内吹入等份的甘汞和乳糖；用40%葡萄糖溶液或自家血点眼；每日静脉注射5%碘化钾溶液20～40mL，连用1周。为防止虹膜粘连，可用1%硫酸阿托品点眼或用其软膏于结膜囊内涂布。

角膜穿孔时，应严密消毒防止感染。对于直径小于2～3mm的角膜破裂，可用眼科无损伤缝针和可吸收缝线进行缝合。

用5%氯化钠溶液每日冲洗3～5次，有利于角膜和结膜水肿的消退。中药可用决明散或明目散。

三、角膜溃疡

角膜溃疡指角膜浅表或深层不同程度的缺损。浅层角膜溃疡时角膜水肿，时有黏液性分泌物流出；深层角膜溃疡常继发于浅层角膜缺损。

【病因】

引起角膜溃疡最常见的原因是异物或外力直接损伤眼角膜。此外，化学物质的灼伤、眼睑结构异常、睫毛异常或眼睛周围被毛过长、角膜或眼睛本身的疾病（干眼病）等均可引起，也可由全身性疾病引起，如牛传染性角膜结膜炎、犬传染性肝炎。

【症状】

（1）**浅层角膜溃疡**　角膜水肿、时有黏液性分泌物流出。

（2）**深层角膜溃疡**　常继发于浅层角膜缺损。溃疡周边肿胀、易破，混浊，呈淡黄色外观。

【治疗】

治疗原则是刺激角膜再生，控制感染。

（1）**浅层角膜溃疡**　用3%硼酸液、蛋白银溶液、硫酸锌溶液清洗患眼，局部应用抗生素软膏，每日4～6次；维生素A眼膏，每日4次；如出现前葡萄膜炎，可应用1%阿托品，每日2～4次。

（2）**深层角膜溃疡**　局部应用抗生素软膏或乙酰半胱氨酸滴眼液。对溃疡较深或后弹力膜膨出，可做部分结膜瓣遮盖术以覆盖病灶，起到生物绷带和营养的作用。对角膜愈合差或不愈合的顽固性病例及穿孔者，必须在进行角膜清创后，采用显微眼科手术技术来修复或重建眼角膜；若并发化脓性的全眼球炎时，则须实施全眼球摘除手术。

（3）**本病禁止使用皮质类固醇激素类药物。**

第三节　齿科疾病

一、牙齿异常

牙齿异常指乳齿或恒齿数目的减少或增加，齿的排列、大小、形状和结构的改变，以及生齿、换齿、齿磨灭的异常。包括牙齿发育异常和牙齿磨灭不正。

【病因】

动物更换牙齿时，乳齿遗留而致恒齿并列，下颌骨发育不良，齿列不整齐，先天性牙齿发育不良，下颌过度狭窄及仅限一侧臼齿咀嚼等均可引起。

【症状】

1. 牙齿发育异常

（1）**赘生齿**　在动物齿额定数以外所新生的牙齿。常引起患侧口腔黏膜、齿龈等组织的机械性损伤。

（2）**牙齿更换不正常**　更换牙齿时，常有门齿的乳齿遗留与恒齿并列，乳门齿位于恒齿的外侧。前臼齿也有时出现同样的情况，还可因此诱发齿槽骨膜炎，出现齿龈肿胀与疼痛。

（3）牙齿失位　颌骨发育不良，齿列不整齐，牙齿齿面不能正确相对。

（4）齿间隙过大　多为先天性牙齿发育不良，易嵌留饲料而造成齿龈机械性损伤。特别是相对应的齿过长时，易伤及齿龈和齿槽骨。

2. 牙齿磨灭不正

（1）斜齿（锐齿）　是下颌过度狭窄及经常限于一侧臼齿咀嚼而引起的。上臼齿外缘及下臼齿内缘特别尖锐，易伤及舌或颊部。严重的斜齿，被称为剪状齿。

（2）过长齿　臼齿中有一个特别长、突出至对侧的齿，但对侧臼齿短缺。

（3）波状齿与阶状齿　阶状齿系指臼齿长度不一，咬合面不整，而形成台阶状。波状齿是从侧方观察，臼齿列呈明显的波浪式时叫波状齿，其中以波状齿较多发，阶状齿少见。

（4）滑齿　指臼齿失去正常的凹凸状咀嚼面，变平滑，不利于嚼碎饲料。

【治疗】

（1）过长齿用齿剪或齿刨打去过长的齿冠，再用粗、细齿锉进行修整。

（2）斜齿可用齿剪或齿刨打去尖锐的齿尖，再用齿锉适当修整其残端，并用0.1%高锰酸钾溶液或2%氯酸钾溶液反复冲洗口腔。

（3）齿间隙过大可用塑胶镶补堵塞漏洞。装上开口器，清理堵塞在齿间隙内的饲草，并冲洗干净，用灭菌棉球拭干，保持干燥。用适量的自凝牙托粉和自凝牙托水（粉与水按3∶1比例）调匀，待药物反应后呈面团状时，即可填塞。

二、龋齿

龋齿是指部分牙釉质、牙本质和牙骨质的慢性、进行性破坏，同时伴有牙齿硬组织的缺损。

【病因】

口腔内存在各种细菌及食物残渣，细菌分解食物残渣产生酸性物质滞留在牙齿局部，导致釉质脱钙而发生龋齿。

【症状】

一度龋齿或表面龋齿时，表现牙齿表面粗糙；二度龋齿或中度龋齿时，发现牙齿表面有暗黑色或黑褐色小斑，或形成凹陷空洞，但龋齿腔与齿髓腔之间仍有较厚的齿质相隔；三度龋齿时，龋齿腔与齿髓腔发展为两个相邻的腔；四度龋齿时，龋齿腔与齿髓腔相通，牙齿结构广泛性缺失，继发了齿髓炎；全龋齿时，严重的，齿冠缺失，仅保留齿根，残留的齿根上有数量不等齿龈，损害波及全部齿冠，常继发齿龈炎与齿槽骨膜炎。

【治疗】

日常注意观察动物采食、咀嚼和饮水的状态，定期检查牙齿。一度龋齿可用硝酸银饱和溶液涂擦龋齿面；二度龋齿应彻底去除病变组织，消毒并填充固齿粉；三度以上龋齿实行拔牙术。

第四节　腹部疾病

一、腹壁疝

腹壁疝是指由于腹肌或腱膜受到钝性外力的作用而形成的。虽然腹壁的任何部位均可发生腹壁疝，但马的多发部位是膝褶前方下腹壁（见图3-8）。

【病因】

主要是强大的钝性暴力所致。由于

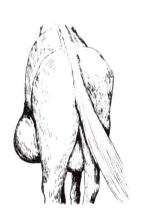

图3-8　马腹壁疝
引自《家畜外科学》

皮肤的韧性及弹性大，受伤后仍能保持完整性，但皮下的腹肌或腱膜直至腹膜易受钝性外力的作用而形成腹壁疝。虽然腹壁的任何部位均可发生腹壁疝，但多发部位是马、骡的膝褶前方下腹壁。这里由腹外斜肌、腹内斜肌和腹横肌的腱膜所构成，肌肉纤维很少，对于外伤的抵抗能力很低，这一特点使得腹壁疝容易形成。

【症状】

外伤性腹壁疝主要症状是腹壁受伤后局部突然出现一个局限性扁平、柔软的肿胀（形状、大小不同），触诊时有疼痛，常为可复性，多数可摸到疝轮。伤后两天，炎性症状逐渐发展，形成越来越大的扁平肿胀并逐渐向下、向前蔓延。外伤性腹壁疝可伴发淋巴管断裂，淋巴液流出是水肿的原因之一。其次是受伤后腹膜炎所引起的大量腹水，经破裂的腹膜而流至肌间或皮下疏松结缔组织中而形成腹下水肿，此时原发部位变得稍硬。在腹下的水肿常偏于病侧，一般仅达中线或稍过中线，其厚度可达10cm。发病2周内常因大面积炎症反应而不易摸清疝轮。疝囊的大小与疝轮的大小有密切关系，疝轮越大，则脱出的内容物也越多，疝囊也就越大。但也有疝轮很小而脱出大量小肠的，此情况多是因腹内压过大所致。发病2周内常因大面积炎症反应而不易摸清疝轮。在肿胀部位听诊时，若内容物为肠管，可听到皮下的肠蠕动音。

【治疗】

腹壁疝的一般治疗方法有两种。

（1）保守疗法 适用于初发的外伤性腹壁疝。凡疝孔位置高于腹侧壁高度的1/2以上，疝孔小，有可复性，尚不存在粘连的病例，可试作保守疗法。在疝孔位置安放特制的软垫，用特制压迫绷带在畜体上绷紧后可起到封闭疝孔的作用。随着炎症及水肿的消退，疝轮即可自行修复愈合。缺点是压迫的部位有时不很确实，绷带移动时会影响疗效（见图3-9）。

（2）手术疗法 术前应做好确诊和手术准备，手术要求无菌操作。术前禁食12～24h，禁水6～8h。对疝轮较大的病例，要充分禁食，以降低腹内压。发病后急性炎症阶段（5～15天）不宜手术，组织脆弱不易缝合；但在受伤后24h内手术宜早不宜迟，最好在发病后立即手术。

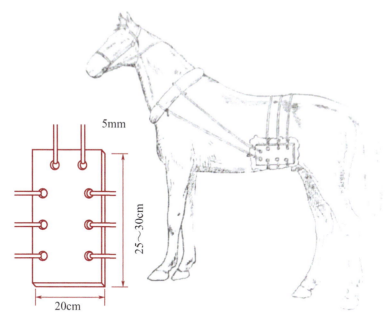

图3-9 压迫绷带治疗马腹壁疝

引自《家畜外科学》

【预后】

注意术后是否发生疝痛或不安,尤其马属动物的腹壁疝。保持术部清洁、干燥,防止摔跌。

二、脐疝

脐疝是指在腹壁脐孔闭合不全时动物出现强烈努责或用力跳跃等原因使腹内压增加,肠管通过脐孔而进入皮下的一种疾病。一般是先天性原因为主。各种家畜均可发生,幼驹多见。

【病因】

多因脐孔发育不全、没有闭锁、脐部化脓或腹壁发育缺陷等。

胎儿的脐静脉、脐动脉和脐尿管通过脐管走向胎膜,它们的外面包着疏松的结缔组织。当胎儿出生后脐带被扯断,血管和脐尿管就变成空虚不通,而在四周则结缔组织增生,在较短时间内完全闭塞脐孔。如果断脐不正确（如扯断脐带血管及尿囊管时留得太短）或发生脐带感染，腹壁脐孔则闭合不全。此时，若动物出现强烈努责或用力跳跃等原因，使腹内压增加，肠管容易通过脐孔而进入皮下形成脐疝。

【症状】

脐部呈现局限性球形肿胀，质地柔软，也有的紧张，但缺乏红、痛、热等炎性反应。病初多数能在挤压疝囊或改变体位时疝内容物还纳到腹腔，并可摸到疝轮。病程久的大脐疝，由于结缔组织增生及腹压大，往往摸不清疝轮，脱出的网膜常与疝轮粘连，或肠壁与疝囊粘连，也可能疝囊与皮肤发生粘连。

【治疗】

（1）**保守疗法**　适用于疝轮较小、年龄小的马匹。可用疝带（皮带或复绷带）、强刺激剂（幼驹用赤色碘化汞软膏）等促使局部炎性增生闭合疝口。但强刺激剂常能使炎症扩展至疝囊壁以及其中的肠管，引起粘连性腹膜炎。

（2）**手术疗法**　术前禁食。按常规无菌操作施行手术。全身麻醉或局部浸润麻醉，仰卧保定或半仰卧保定，切口在疝囊底部，呈梭形。皱襞切开疝囊皮肤，仔细切开疝囊壁，以防伤及疝囊内的脏器。认真检查疝内容物有无粘连和变性、坏死。仔细剥离粘连的肠管，若有肠管坏死，需行肠部分切除术。若无粘连和坏死，可将疝内容物直接还纳腹腔内，然后缝合疝轮。若疝轮较小，可做荷包缝合或纽孔缝合，但缝合前需将疝轮光滑面做轻微切割，形成新鲜创面，以便于术后愈合。如果病程较长，疝轮的边缘变厚、变硬，此时一方面需要切割疝轮，形成新鲜创面，进行纽孔状缝合；另一方面在闭合疝轮后，需要分离囊壁形成左、右两个纤维组织瓣，将一侧纤维组织瓣缝在对侧疝轮外缘上，然后将另一侧的组织瓣缝合在对侧组织瓣的表面上。修整皮肤创缘，皮肤做结节缝合。

三、直肠脱

直肠脱俗称脱肛，是直肠末端的黏膜或直肠的一部分，甚至大部分由肛门向外翻转脱出的一种疾病。严重的病例在发生直肠脱的同时并发肠套叠或直肠疝，幼驹易发。

【病因】

有多种原因综合导致，但主要原因是直肠韧带松弛，直肠黏膜下层组织和肛门括约肌松弛和功能不全，导致直肠和肛门周围的组织与肌肉连接薄弱。

【症状】

在发生黏膜性脱垂时，直肠黏膜的皱襞往往在一定的时间内不能自行复位。若此现象经常出现，则脱出的黏膜发炎，很快在黏膜下层形成高度水肿，失去自行复原的能力。随着炎症和水肿的发展，则直肠壁全层脱出，即直肠完全脱垂。由于脱出的肠管被肛门括约肌挤压，从而导致血循障碍，水肿更加严重。此时，患病马匹常伴有全身症状，体温升高，食欲减退，精神沉郁，并且频频努责，做排粪姿势。

【治疗】

治疗原则是消除和控制原发性致病因素，及早采取整复、固定措施，保持大便通畅。

病初及时治疗便秘、下痢、阴道脱等，并注意饲喂青草和软干草，充分饮水。对脱出的直肠，则根据具体情况，参照下述方法及早进行治疗。

（1）整复　适用于发病初期或黏膜性脱垂的病例。整复应尽可能在直肠壁及肠周围蜂窝组织未发生水肿以前施行。方法是先用0.25%温热的高锰酸钾溶液或1%明矾溶液清洗患部，除去污物或坏死黏膜，然后用手指谨慎地将脱出的肠管还纳原位。在肠管还纳复原后，可在肛门处给予温敷。为防止再次脱出，整复后应加以固定。

（2）黏膜剪除法　适用于脱出时间较长，水肿严重，不易整复或黏膜干裂、坏死的病例。先用温水洗净患部，以温防风汤冲洗患部。之后，用剪刀剪除或用手指剥除干裂坏死的黏膜，再用消毒纱布兜住肠管，撒上适量明矾粉末揉擦，挤出水肿液。用温生理盐水冲洗后，涂1%～2%的碘石蜡油润滑。然后，从肠腔口开始，谨慎地将脱出的肠管向内翻入肛门内。

（3）**固定法** 在整复后仍继续脱出的病例，则需考虑将肛门周围予以缝合，缩小肛门孔，防止再脱出。方法是距肛门孔1～3cm处，做一肛门周围的荷包缝合，收紧缝线，保留1～2指大小的排粪口，打成活结，以便根据具体情况调整肛门口的松紧度，经7～10天患病马匹不再努责时，则将缝线拆除。

（4）**直肠周围注射酒精或明矾液** 本法是在整复的基础上进行的，其目的是利用药物使直肠周围结缔组织增生，借以固定直肠。临床诊断上，常用70%酒精溶液或10%明矾溶液注入直肠周围结缔组织中。

（5）**直肠部分截除术** 手术切除用于脱出过多、整复有困难、脱出的直肠发生坏死、穿孔或有套叠而不能复位的病例。行荐尾间隙硬膜外腔麻醉或局部浸润麻醉。其手术常用直肠部分切除术和黏膜下层切除术。

第五节　四肢疾病

一、骨折

骨折是在外力的作用下使骨的完整性和连续性遭到破坏，骨折常伴有软组织的损伤。临床上最常见的就是四肢骨折，其他骨折较少见。

【病因】

1.机械外力损伤

翻车、跌倒、踢蹴、火器伤，有时蹄夹于某处铁轨、洞穴用力抽拉等都易造成骨折。

2.骨抗力降低

骨软症、氟中毒骨质疏松,抗力下降,在轻微的外力作用下就会发生骨折。

【症状】

1.局部症状

(1)**变形** 四肢某一部位骨折后,在肌肉收缩力和肢体重力作用下,使骨的断端出现移位,由于移位而造成肢体变形,肢体表现为弯曲、成角、延长或缩短。不完全骨折(骨裂)骨不出现移位,所以肢体不变形。

(2)**异常活动** 四肢部完全骨折时,被动活动骨折远端可出现异常活动,似假关节样。

(3)**骨摩擦音** 完全骨折时,被动活动骨折远端出现骨摩擦音,如果骨折部在肌肉丰满处,则肿胀较明显;骨折断端嵌入肌肉内和不完全骨折都听不到骨折摩擦音。

以上三个症状只要出现一种即为完全骨折。

(4)**肿胀** 在骨折的同时软组织也受到损伤,所以出现出血和炎性肿胀,肿胀一般在骨折后12h发生。

(5)**疼痛** 由于骨折伴随骨膜和神经的损伤,所以表现有明显的疼痛。

(6)**功能障碍** 由于骨起支架的作用,当四肢骨折后会出现严重跛行,及明显的功能障碍。

2.全身症状

骨折后出现剧痛,有时易造成休克,开放性骨折易造成局部感染化脓,也易造成骨髓炎而出现明显的全身症状,体温升高,精神沉郁,食饮欲下降等。

【诊断】

通过问诊、视诊和触诊就可确定,完全骨折容易确诊,不完全骨折诊断稍微困难,手指压时有压痛线,但还需作辅助诊断。

X线检查:可正、侧位照相,诊断确实、可靠(见图3-10)。

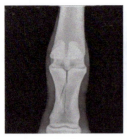  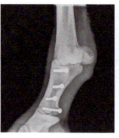 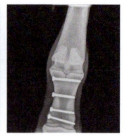

趾骨骨折（正面）　趾骨骨折（侧面）　内固定（正面）　内固定（侧面）

图3-10　骨折及骨折治疗X线片

引自 Wellington Equine Association

叩诊法：主要用于髋骨，用叩诊锤叩击骨折一端，在另一端用听诊器听诊，如骨折，则出现钝、浊音或听不到，如没有骨折则出现清脆实音，叩诊时最好两侧对比。

【治疗】

1. 急救

多在骨折现场进行，用简单的方法，保护骨折部位，防止伤口污染，避免骨折的复杂化。非开放性骨折尽量避免造成开放性的，开放性骨折不要加重软组织损伤及骨的错位和局部污染。

首先要局部包扎，包扎可用绷带，包扎时应固定骨折处上下两个关节，包好后外面加固夹板绷带。如有出血，可用绷带或绳在出血上端扎紧肢体，然后送兽医院救治。

2. 整复

整复就是把变位的骨整复到正常的位置上，临床常用的有两种整复方法。

（1）**手法整复**　此方法适用于闭合性的骨折，而且是长骨和肌肉少的部位。整复前应先进行全身镇静、局部麻醉或传导麻醉，整复的原则是"欲合先离，离而后合"。首先助手把骨的两断端拉开（可用手或拴绳牵引），术者按压揉捏骨断端，使之恢复正常位置，然后再进行固定。

（2）**手术整复**　用于肌肉多、手法整复困难和粉碎、开放性的骨折。整复前应进行全麻，然后用无菌的方法局部切开，暴露骨断端，去除坏死组织和粉碎的骨片，然后把骨断端整复好，再进行固定，最后闭合切口。

整复好的患肢（标准）：指轴的方向应和原来的一致，肢的长短应和健肢一致，原正常突起和正常凹陷的部位都恢复原状。

3.固定

骨折整复完之后必须进行固定，因固定的好坏直接影响到骨折的愈合，常用的固定方法有以下两种。

（1）外固定　就是在皮肤外进行固定，如夹板绷带、石膏绷带、石膏夹板绷带等。

（2）内固定　用手术方法切开皮肤，沿肌缝方向直达骨面，然后根据不同的骨折，用不同的工具进行固定。

二、关节疾病

1.关节创伤

关节创伤是指关节部位的开放性损伤，一般主要指损伤软组织。像皮肤、皮下组织、关节囊等，严重时也可损伤关节软骨和骨，此病多发生于腕关节。

【病因】

摔倒是主要的原因，如翻车、滑倒；关节部位碰在尖硬的物体上，如铁丝、刀、叉等；另外如踢蹴、撞车等都易造成关节部位的损伤。

【症状】

局部创口裂开，有出血，疼痛明显，由于损伤程度的不同，出现不同的跛行，关节损伤在临床上可分为两种，一种是关节非透创，另一种是关节透创。

关节非透创：损伤的部位只是皮肤、关节周围软组织。

关节透创：不但损伤皮肤及周围软组织，而且也损坏了关节囊，有时腱和腱鞘也受到损伤，如果关节囊和腱鞘破裂，在临床上可看到从损伤部位流出少量淡黄、透明、黏性的关节滑液。

一般情况下，关节透创后不易造成感染，因为滑液不断向外流，可以机械清洗伤口周围，另外滑液内有大量嗜中性粒细胞、单核细胞及溶菌素，可以抵抗病原的感染。但是在关节损伤严重，局部污染严重的情况下，关节也会发生感染。

化脓性关节炎：局部肿胀明显，触诊和他动运动时表现剧烈的疼痛，站立时可轻轻负重，运动时跛行明显，体温升高，精神沉郁等。

腐败性关节炎：局部症状更为严重，从伤口流出混有气泡的污灰色带恶臭的稀薄渗出液，伤口出现进行性坏死，患肢跛行严重，全身症状明显。

【治疗】

原则：防止感染，减少关节活动，促进组织愈合。

创口的处理：用灭菌纱布盖住伤口，创围剪毛消毒，除去异物和挫灭组织，用防腐消毒液冲洗创面。对于关节囊损伤的，在冲洗过程中应向外挤出滑液，防止过多的消毒液进入关节囊内；在关节囊没有污染的情况下，不可用探针探查关节囊，防止造成关节囊内的感染。如关节囊已经污染并有感染时，就必须用防腐消毒液冲洗，冲洗时可在关节创口对侧插入针头，然后用注射器推药进行冲洗。国外兽医在冲洗后向关节腔内注入透明质酸类药物（如拜耳公司的Hyonate），以润滑关节。药物注入后对关节部位做绷带固定，以限制关节活动及防止感染。

局部用药：如果是关节非透创，局部冲洗完后，撒碘仿磺胺粉，绷带包扎。如果是关节透创，而且关节囊破损很大，可进行缝合，如破损较小，一般不作缝合，局部撒碘仿磺胺粉，然后打压迫绷带。对于化脓性或腐败性关节炎，应把脓汁、坏死组织去掉，用消毒液冲洗，一天1～2次。然后进行开放疗法。

为改善局部新陈代谢、促进伤口愈合，还可配合物理疗法，如紫外线、红外线、超声波等治疗方法。

全身用药：为了防止感染可定时应用抗生素。根据患马临床症状对症治疗。但是对于关节内骨损伤者多出现预后不良，即便愈合也易造成畸形性关节。

2.关节扭伤

关节扭伤是指关节在突然受到间接的机械外力作用下,超越了生理活动范围,瞬时间的过度伸展、屈曲或扭伤而发生的关节损伤。此病是常见和多发的疾病,常易发生在系关节、冠关节、跗关节、膝关节等。

【病因】

马常由于在不平道路上的剧烈运动,急转、急停、转倒、失足登空、嵌夹于洞穴中急速拔腿、跳跃障碍、不合理的保定、肢势不良、装蹄失宜等,主要致病因素是机械外力作用下所引起的关节超出生理活动范围的侧方运动和屈伸。轻者引起关节韧带和关节囊的全断裂以及软骨和骨骺的损伤。重者能撕破骨膜或扯下骨片,成为关节内的游离体。韧带附着部的损伤,可引起骨膜炎及骨赘。

【症状】

（1）疼痛　受伤后立即出现,此时为炎症反应性疼痛,韧带损伤处为痛点,触诊该处敏感,在生理范围内他动运动时,牵张波及受损伤的韧带,则立即出现疼痛反应,马匹反抗拒绝检查。如关节的活动范围超越正常生理范围时,则为关节侧韧带断裂和关节囊破裂的表现,此时疼痛更为明显。

（2）跛行　跛行轻重与组织损伤程度成正比。原发性跛行在受伤当时即刻发生,疼痛具有耐受性,即行走数步后,疼痛稍有缓解。伤后21～24h,发展为炎症反应性疼痛,患马再次表现跛行,跛行程度随运动增加而加剧。当冠关节外侧韧带损伤时,患马站立时将患肢伸直,并踏向前方呈外展肢势,运步呈支跛。他动冠关节,使受伤的韧带紧张时,疼痛反应明显。当球关节内侧韧带损伤,患马站立时稍向内收,腕关节以下各关节屈曲,运步时呈支跛。他动球关节,疼痛反应明显。组织损伤越重,跛行亦越重。骨组织损伤表现为重度跛行。

（3）肿胀　轻度损伤没有明显肿胀,中度损伤有轻微肿胀,只有重度损伤时,炎症反应剧烈,出现明显的肿胀。

（4）温热和骨赘　温热和炎性肿胀、疼痛、跛行同时并存,一般在伤后6～24h内出现温热感。但在慢性骨质增生阶段，只见肿胀、跛行而无温热感。慢性关节扭伤可继发骨化性骨膜炎，多在韧带、关节囊与骨的结合部受伤时形成骨赘。因骨赘造成的跛行，难以治愈，多表现长期跛行。

【治疗】

原则：制止出血和炎性发展，促进吸收、镇痛消炎、预防组织增生，恢复关节功能。

（1）**制止出血和渗出** 在伤后1～2天内，为制止关节腔内继续出血和渗出，应进行冷疗和包扎压迫绷带。冷疗可用冷水浴或冷敷（冰块、冷醋酸铅液）。症状严重时可注射凝血剂（10%氯化钙溶液、维生素K）并使患马安静。

（2）**促进吸收** 当急性炎症渗出减轻后，应及时使用温热疗法，以促进吸收。用37～40℃温水，连续使用，每用2～3h后间隔2h。也可用热水袋、热盐袋等促进溢血和渗出液的吸收。如关节腔内出血不能吸收时，可以关节穿刺排出。同时通过穿刺针向关节腔内注入0.25%普鲁卡因青霉素溶液。还可用食蜡疗法、酒精鱼石脂绷带、超短波和短波疗法、离子透入疗法等。

（3）**镇痛** 注射复方氨基比林合剂、安乃近、安痛定等，也可向患关节内注射2%普鲁卡因溶液。涂擦10%樟脑酒精或注射醋酸氢化可的松。也可使用非甾体抗炎药氟尼辛葡甲胺注射液，每次25mL，肌内注射，每天1次，连用5天。在用药的同时进行适当的牵遛运动，也可促进炎性渗出物的吸收。当韧带、关节囊损伤严重或怀疑有软骨、骨损伤时，应根据情况包扎石膏绷带。

（4）**装蹄疗法** 当肢势不良、蹄形不正时，在药物疗法的同时，应进行合理地削蹄或装蹄。

3.关节脱臼

关节脱臼是在外力作用下，关节两端的正常位置出现移位，称为关节脱臼。临床上又分为全脱臼和不全脱臼。全脱臼：相对的两个关节面完全不接触。不全脱臼：相对的两个关节面部分接触。前者多见，后者也有发生，常发生的部位是髋关节、膝关节和球关节。

【病因】

机械外力作用：打击、踢蹴、跌倒，使关节过度伸展或屈曲，造成关节韧带松弛、移位或断裂，进而形成关节外伤性脱臼。先天性关节的韧带和关节囊松弛，骨的两端构造不良等形成先天性脱臼。因发生关节炎、关节液积聚并增多，关节囊扩张以及关节的加强组织受到破坏，造成附属器官出现病理性异常形成病理性脱臼。

【症状】

（1）**髋关节脱臼**　股骨头离开髋臼窝，因股骨头移位的方向不同，可分为以下几种。

上方脱臼：股骨头移位于髋臼窝上方，大转子明显向上方突出。站立时患肢缩短，飞节比对侧高出数厘米，患肢内收，背侧面向外扭转，蹄尖向外，被动运动时患肢外展困难，内收容易。运步时患肢拖地同时向外划弧，患肢着地时股骨头和大转子顶住臀部肌肉发生局部隆起，患侧大转子距荐部背中线比健侧近3cm左右。

前方脱臼：股骨头移位于髋臼窝前方，患肢缩短，大转子明显向外突出。站立时患肢外旋，飞节向内，蹄尖向外。

后方脱臼：股骨头移位于坐骨外支下方，站立时，患肢外展叉开，比健肢长。

内方脱臼：股骨头移位于闭孔内，站立时患肢明显缩短，他动运动时，内收外展均容易。运动时患肢不能负重，蹄尖着地、拖行。

（2）**髌骨脱臼**　临床多见到是髌骨上方和外方脱臼，内方脱臼也有发生，但较少见（因股骨滑车内脊较高，不易脱出）（见图3-11和图3-12）。

上方脱臼：突然发生。主要是在泥泞路上剧烈使役，使股四头肌异常收缩，将髌骨牵引致股骨滑车嵴上方，而不能复位。但更多见的是髌骨习惯性脱臼，常发生于马属动物，其原因是先天性膝直韧带松弛，走路用力稍大，髌骨就被股四头肌牵引到滑车嵴上方，出现跛行，再走一会髌骨又突然回到原位，跛行消失，就这样交替往复。当髌骨上方脱臼时，患马站立

图3-11　右后髌骨上方脱臼　　　　图3-12　左后髌骨外方脱臼
引自《家畜外科学》　　　　　　　引自《家畜外科学》

运步,病肢均向后伸,膝关节及以下关节均伸展,不能屈曲,蹄尖着地,有时运动呈三条腿跳跃前进。触诊:髌骨固定于股骨内侧滑车嵴顶端,三条直韧带紧张,尤其是内侧更明显。

髌骨外方脱臼:由于膝内直韧带过度牵张或断裂,使髌骨固定于膝部外侧方,它有时与髋关节上外方脱臼并发。站立时,膝、跗关节高度屈曲,患肢伸向前方,蹄尖着地。运步时,患肢在负重瞬间,除髋关节外所有关节高度屈曲,呈现典型的支跛。

触诊:髌骨向外方转位,膝内直韧带斜向外方出现断裂。

髌骨内方脱臼:膝外侧韧带断裂,髌骨位于膝关节内方。其他同外方脱臼。这种脱臼少见。

（3）球节脱臼

全脱臼:患肢不能负重,以三条腿跳跃前进。

不全脱臼:呈显著支跛,它多伴有韧带及关节囊的损伤。

【治疗】

（1）髋关节脱臼　全身麻醉,患肢在上,侧卧保定,进行整复。

上方脱臼:在跗部拴一个长绳,二到三人向下牵引患肢,将股骨头拉向髋臼的水平方向,这时术者用力按压股骨头,助手前后摆动患肢,使其复位,如果股骨头复位可听到"咔嚓"的响声。

内方脱臼:用一根圆木插入大腿根部助手向上抬,与此同时牵引患肢，术者向下压大腿部，如听到股骨头复位的声音即整复。

固定：整复好后，马吊在柱栏内饲养，在髋关节周围分点注射高渗盐水，诱发炎症，使之固定。

髋关节脱臼整复不太困难，但固定很困难，因股骨头脱出圆韧带就断裂，目前没有好的固定方法，所以预后不良。

（2）髌骨上方脱臼 可进行站立或侧卧整复。

站立整复：在患肢系部拴一根绳，向前上方牵引患肢，使膝关节屈曲，同时术者用手用力向下推压髌骨，复位以后可听到响声。

侧卧整复：把患马放倒，患肢朝上，全身镇静，局部麻醉，助手向前拉患肢，术者向下压髌骨，使之恢复正常位置。

（3）髌骨外方脱臼 使患肢稍伸展，术者从髌骨侧方把髌骨推入滑车沟内。如整复不进去可作膝内直韧带切断术，然后进行整复，整复好以后要进行固定。固定可用长木螺丝把髌骨穿透拧在股骨上，患马吊在柱栏内饲养，一个月后取下木螺丝。

（4）球节脱臼 侧卧保定，病肢在上，全身麻醉，患肢系部拴绳，助手沿肢纵轴方向牵引，术者用手压迫脱臼部位使其复位，打石膏绷带或夹板绷带固定，3周后取下，对患马进行功能锻炼，初期短距离慢走，以后逐渐加长距离。

三、肌肉疾病

1.肌炎

肌炎是肌纤维发生变性、坏死，肌纤维之间的结缔组织、肌束膜和肌外膜也常发生病理变化。肌炎多发生于马。

【病因】

各种损伤性因素，如挫伤、踢踹、跌落、剧伸和马鞍具的压迫，马匹平时缺乏锻炼，突然激烈地训练和狂奔，轻者导致肌纤维断裂、溢血和炎性渗出；重者出现血肿和肌肉断裂等无菌性肌炎。

感染葡萄球菌、链球菌、大肠杆菌、化脓棒状杆菌、放线菌及旋毛虫等以及周围组织炎症蔓延与转移后（如关节炎、化脓灶、脓肿、蜂窝织炎等），均可导致本病的发生。

【症状】

由于病因的不同，发病症状各异。

急性肌炎：多为突然发病，在患病肌肉的一定部位指压有疼痛。患部可出现增温、肿胀，跛行，多为悬跛，少数为支跛。

慢性肌炎：多来自急性肌炎，抑或致病因素经常反复刺激引起。患病肌纤维变性、萎缩，逐渐被结缔组织所取代。患部脱毛，肌肉肥厚、变硬。缺乏热痛，患肢功能障碍。

化脓性肌炎：除深在肌肉外。炎症进行期有明显的热、痛、肿胀和功能障碍。随着脓肿的形成，局部出现软化、波动。穿刺检查，有时流出灰褐色脓汁。自然破溃时，易形成窦道。

【治疗】

除去病因，消炎镇痛，防止感染，恢复功能。

急性肌炎时，病初停止使役，先冷敷后温敷，控制炎症发展或促进吸收。用青霉素盐酸普鲁卡因封闭，涂擦刺激剂和软膏。镇痛消炎，可注射安替比林合剂、2%盐酸普鲁卡因，也可使用安乃近、安痛定、水杨酸制剂及糖皮质激素等。

慢性肌炎时，可应用针灸、按摩、涂强刺激剂、温热疗法、超短波和红外线疗法。

化脓性肌炎，前期应用抗生素或磺胺疗法，形成脓肿后，适时切开，按一般化脓感染治疗。

2.肌肉断裂

肌肉断裂常发生于肌肉弹力和反弹力小的部位，如肌肉的臂附着点、肌纤维与腱的胶原纤维结合处。有时是部分断裂，有时为完全断裂。

【病因】

损伤性肌肉断裂多发，如踢蹴、冲撞、牵引重车时肌肉的过度牵张、后肢踢空、跌倒、跳跃障碍、四肢陷于穴洞内时的用力拔出等直接、间接暴力所引起。

代谢疾病（骨软症、佝偻病）可促使本病的发生。

【症状】

肌肉断裂的功能障碍有轻有重，视断裂部位与程度而异。支撑作用的肌肉断裂时，跛行比较明显。提伸肢的肌肉断裂时，跛行较轻或不明显。肌肉断裂初期在患处出现凹陷，随炎症发展，局部肿胀，常出现血肿，温热疼痛。临床上常见的肌肉断裂如下。

（1）**冈下肌断裂** 常发生于臂骨结节附近的浅腱肢。突然发生重度支跛，肩关节显著外展。常能诱发腱下黏液囊炎。注意与肩胛上神经麻痹鉴别诊断。

（2）**臂二头肌断裂** 断裂部位多在腱肢的移行部位。全断裂时，马匹站立状态下肩关节和指关节屈曲，支撑困难。运动时，表现混合跛行。肌肉断裂处凹陷，疼痛肿胀，局部温热。应注意与该肌的腱下黏液囊炎鉴别诊断。

（3）**臂三头肌断裂** 常发生于肘突附近。站立时患肢负重困难，重度支跛。运动时，患支关节屈曲拖曳前进。注意与桡神经麻痹鉴别诊断。

（4）**胫骨前肌和第三腓骨肌断裂** 断裂部位多在骨的附着点。站立时，患肢膝关节高度屈曲，跗关节伸直，跗关节与趾部构成直线向后方伸展。他动患肢，可无阻力地向后方自由牵拉。由于该肌位于深筋膜下，故不易判定断裂部位。在运动时呈悬跛，患肢股部高度提举，膝关节过度屈曲，跗关节处于反常伸展状态，病马基本不能后退。当两后肢的胫骨前肌和第三腓骨肌断裂，病马站立时将两后肢置于后方，行动困难。

【治疗】

病初绝对安静，根据部位尽可能进行石膏绷带或其他固定。

局部可应用红外线照射、钙离子诱入疗法、石蜡疗法和刺激剂。治疗经过1～2个月后，根据病情，可进行适量的牵遛运动，禁忌在痊愈后立即进行重度使役，防止复发。

四、腱与腱鞘疾病

1.腱炎

腱炎是指马负重超过其生理范围,腱纤维因高度牵张,发生炎症或断裂。

腱炎包括屈肌腱炎和悬韧带炎。马的腱炎多发生于前肢,包括趾浅屈肌腱、趾深屈肌腱和悬韧带的炎症。

【病因】

装蹄不当、滑倒、运动引起腱的剧伸、局部感染、寄生虫侵害都可引起腱的炎症。马若在腱受伤期间过度运动,易造成二次受伤,导致愈合缓慢。

【症状】

站立视诊时:患肢常向前伸出,呈稍息姿势,腕部微屈,系部直立,蹄尖着地或蹄底前半部着地负重。趾浅屈肌腱肿胀严重时,掌后中部隆起,多柔软或稍坚硬。病久则屈腱挛缩,可表现腱性突球或滚蹄症状。

运动时:呈轻度或中度混合跛行,抬不高,步幅短,寸腕不敢沉,攒筋不敢伸。快步行走,经常出现磋跌。患肢着地时。头部或臀部高抬,跛行随运动加剧。纤维破坏严重时呈乱麻样,沿腱的长轴弥散性肿胀,病久形成坚硬的瘢痕组织,有时与趾深屈肌腱粘连,呈球状硬结。受伤部位的肌腱常常伴发水肿,趾浅屈肌腱受伤导致的肿胀最为明显,趾深屈肌副韧带的炎症和周围的肌腱发生粘连时,前肢掌骨后侧如鱼腹样隆起(见图3-13和图3-14)。

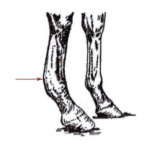

图3-13 趾浅屈肌腱炎(全腱肿胀)

引自《家畜外科学》

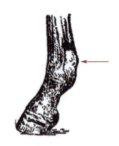

图3-14 趾浅屈肌腱炎(籽骨上方肿胀)

引自《家畜外科学》

触诊检查：可发现屈腱部位有肿胀、变硬、增温、疼痛等炎症反应，指压留痕。急性炎症，患部增温、肿痛明显。慢性炎症，屈腱肥厚愈着，压之较为坚硬，病久屈腱挛缩，形成突球（滚蹄）。本病多发于一侧，两侧也常见，触诊新伤柔软，旧伤坚硬。

悬韧带炎：病初在球节上方两侧出现肿胀，严重时，常发生大面积的弥散性肿胀，温热、疼痛。病马站立时，半屈曲腕、系关节，并伸向前方，保持系骨直立状态。运动时呈支跛。慢性经过时，肿胀变硬。蟠尾丝虫引起的悬韧带炎为慢性炎症过程，患部呈结节状无痛性肿胀，有时水肿。经过良好的病例，患部钙化，增生纤维组织，韧带粗而厚，表面凹凸不平。

【治疗】

治疗原则：减少渗出，促进吸收和血液凝固，防止腱束的继续断裂，恢复功能。

（1）**急性炎症**　首先使病马安静，药物治疗和矫形装蹄、削蹄同时进行。初期可用冰袋、醋酸铅溶液冷敷，盐酸普鲁卡因青霉素患部封闭。炎症减轻后可使用酒精热绷带、酒精鱼石脂温敷，或用中药雄黄散外敷。

（2）**亚急性和转为慢性炎症**　可使用物理疗法，如电疗、离子透入疗法。可以涂擦碘汞软膏2～3次，包扎绷带，直至患部皮肤出现结痂为止。

指深屈肌腱炎：原则上加大蹄的角度，以侧望与指轴一致为标准，适当切削蹄尖部负面，装厚尾蹄铁，抑或加橡胶垫。蹄铁的剩缘、剩尾应多些，上弯稍大些。

悬韧带炎：原则上使蹄的角度略低于指轴为标准。悬韧带分支发生炎症时，轻度切削发炎侧蹄踵负缘，但要求蹄负缘的内外应当等高。

指浅屈肌腱炎：参照悬韧带炎的装蹄方法装蹄。

目前，赛马屈腱炎已应用冲击波治疗仪治疗，冲击波作为一种介于保守疗法和手术疗法之间的新型治疗方式，对赛马韧带及肌腱慢性损伤和粘连有较好疗效。

【预防】

对不满两岁或不老实的马，防止载运过重和激烈奔跑。在偶然剧烈使役后，应进行冷蹄浴。要进行定期检查，遵循早发现、早预防、早治疗的原则。

2.腱鞘炎

腱鞘炎指腱鞘发生的炎症，是马属动物的常发病，屈腱的腱鞘比伸腱多发。腕、跗、指（趾）部腱鞘常发生本病。腱鞘炎依其炎症经过，可分为急性及慢性炎症。按渗出物的性状，又可分为浆液性、浆液纤维素性、纤维素性及化脓性炎症。

【病因】

机械损伤：例如挫伤、打击、压迫、刺创、腱过度牵张，保定不当，挽驮重载在不平的道路上疾驰。

病原体感染：脓毒症，传染病，如马腺疫、流感等并发；周围组织炎症，如脓肿、蜂窝织炎；寄生虫的侵袭，如蟠尾丝虫都有可能引起。

肢蹄不正：因肢势不正，装蹄、削蹄不良，腱的构造软弱或长期在不平道路上负重运动等，都可诱发本病。

【症状】

（1）**急性浆液性腱鞘炎** 腱鞘肿胀，滑膜充血，腱鞘壁出血。局限性轻微肿胀，触诊增温、疼痛并有波动感，运动时有不同程度的功能障碍。

（2）**急性浆液纤维素性及纤维素性腱鞘炎** 腱鞘腔渗出物中含有纤维素。纤维素性渗出物渗入腱鞘腔并发生凝结，而被覆于滑膜壁上。触诊能感知纤维素性捻发音。腱鞘肿胀，为坚实或捏粉样，温热、疼痛显著，功能障碍明显。

（3）**急性化脓性腱鞘炎** 最常发生于后肢跗部趾屈腱腱鞘。腱鞘壁细胞浸润、肿胀。鞘壁内面呈微红黄色，被覆微黄色黏脓性渗出物。患部显著肿胀、增温及剧痛。并伴有全身性感染与中毒的症状。

（4）**慢性浆液性腱鞘炎（又叫腱鞘积水）** 腱鞘壁肥厚呈微灰色，渐进性肿胀，波动显著，某些腱鞘有横韧带或腱通过，致使腱鞘腔内积聚的渗出物受到压挤，而在腱鞘经路上形成1～3个波动性肿胀。

（5）慢性纤维素性腱鞘炎 腱鞘纤维层结缔组织增生，滑膜扁平细胞过度发育，使腱鞘壁显著肥厚。当炎症由纤维层向外蔓延时与周围组织愈着、硬固而失去活动性，造成顽固性跛行。

【治疗】

（1）急性炎症 急性炎症初期在病初1～2天内应用冷疗，如2%醋酸铅液冷敷或硫酸镁、硫酸钠等的饱和溶液冷敷。同时包扎压迫绷带，以减少或制止炎性渗出（见图3-15）。

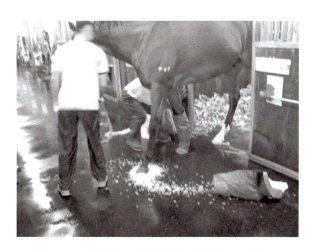

图3-15 对损伤腱鞘进行包冰冷疗（见彩图）

（2）急性炎症缓和后 可应用温热疗法，如酒精热绷带。如渗出物过多而不易被吸收时，可于无菌条件下，进行穿刺，放出渗出液并同时注入0.5%～1%普鲁卡因青霉素溶液10～15mL。

（3）亚急性或慢性炎症 可局部涂布鱼石脂、鱼石脂酒精或应用透热疗法等；如已转为慢性，可涂擦水银软膏、石蜡疗法及离子透入疗法等。

（4）纤维素性腱鞘炎 如腱鞘内纤维素过多而不易被吸收时，可于腱鞘下端切开，取出纤维素凝块。但应注意无菌操作，防止感染。

（5）化脓性腱鞘炎 初期进行穿刺排脓后，并以普鲁卡因青霉素溶液冲洗。后期炎症反应剧烈并伴有全身症状时，应适时切开，充分排脓，清除坏死组织后，用防腐消毒液冲洗创腔。如腐败菌感染，用过氧化氢或高锰酸钾溶液冲洗。

3. 腱断裂

腱断裂是指腱的连续性被破坏而发生分离。腱断裂包括屈腱断裂和跟腱断裂，伸腱断裂发生的较少。腱断裂按病因可分为外伤性腱断裂和症候性腱断裂，外伤性腱断裂可分为非开放性和开放性腱断裂（见图3-16～图3-18）。

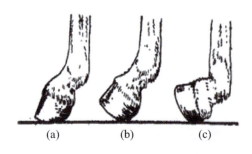

图3-16 屈腱完全断裂
（a）悬韧带断裂
（b）趾浅屈肌腱断裂
（c）趾深屈肌腱断裂
引自《家畜外科学》

图3-17 跟腱断裂
引自《家畜外科学》

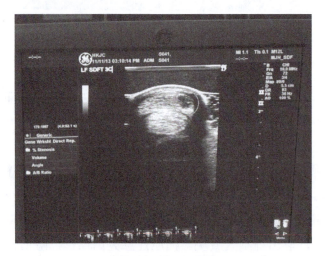

图3-18 腱断裂超声波影像图（见彩图）

【病因】

非开放性腱断裂：多因腱突然受到过度牵张所致，常由于剧烈的运动、过度的使役、疲劳运动、速度赛马在比赛中受伤等引起自发性断裂。

开放性腱断裂：发生较少，由于人为驱赶时使用铁锹误伤或枪弹的损伤等，引起皮肤和腱组织同时发生损伤，且常为鞘外腱断裂。

症候性腱断裂：常见的是由新陈代谢所引起的全身病，如骨软病、佝偻病等，腱及腱鞘的炎症、化脓性坏死及籽骨的骨坏疽，切神经术后腱组织代谢失调、弹性降低、抵抗力减弱，以致容易发生腱断裂。

【症状】

共同症状是腱迟缓，断裂部位形成缺损，因为出血和断端收缩，断端肿胀，断裂部位温热疼痛。开放性腱断裂经常感染化脓，预后不良。患肢功能障碍，表现异常姿势。

【治疗】

原则：使病马安静，缝合断端，固定制动，防止感染，促进愈合。

（1）创伤部位从趾关节到系关节使用温肥皂水洗刷干净，用0.1%高锰酸钾液创部清洗，用3%普鲁卡因注射液作胫神经、腓神经传导麻醉，各点用量20mL，静脉注射0.25%普鲁卡因注射液150mL、10%葡萄糖溶液1500mL。

（2）用新洁尔灭冲洗创面，清除创内血凝块及坏死组织，沿轴线外侧创口正中上、下用碘酊、酒精局部消毒。用手术刀向上、下各切开长6cm皮肤，充分暴露断裂的趾浅屈肌腱游离端。

（3）创口撒布青霉素粉160万单位，链霉素粉100万单位，先缝合趾浅屈肌腱，将患肢系部屈曲，使趾深屈肌腱弛缓，用18号丝线弯针，采用纽扣状缝合法分别缝合趾深屈肌腱。

4.屈腱挛缩

屈腱挛缩是由于屈腱过短，同时伸腱虚弱造成的。中兽医称板筋短缩或滚蹄，常发于马的前肢，后肢基本不发。

【病因】

先天性者主要是由于屈腱先天过短，同时伸肌虚弱所造成；后天性屈腱挛缩主要是由于幼驹在发育期间完全舍饲、运动不足、全身肌肉不发达、营养不良等引起。

【症状】

幼驹屈腱挛缩多发生两前肢，属先天性者，即出生后就出现两前肢屈腱挛缩的症状，一般认为是由于胎儿发育不良，胎位不正、伸肌发育不良、骨骼及肌肉发育不相称等引起。

成年马、骡的屈腱挛缩，多为深屈腱挛缩，常继发于慢性屈腱炎。

幼驹屈腱挛缩，可发生于一肢、两肢或四肢，通常前肢比后肢多发。幼驹出生后即出现本病的临床症状，轻者站立困难，重者完全不能站立。站立时，球节掌屈，系部直立或向前倾斜，以蹄尖着地而蹄踵不能接触地面。站立时间稍久，患肢颤抖，指关节屈曲而以球节背侧触地。两前肢屈腱挛缩时，站立不稳且经常躺卧。运步时，患肢步幅变小，有时可见球关节不时地掌屈。两后肢屈腱挛缩时，两后肢前踏，两前肢步幅小，呈舞蹈样运步，头颈摇晃，落地负重时球节掌屈而不能下沉，系部前倾，先以蹄尖着地，继之蹄尖壁前滚以蹄冠及球节背侧着地，时间经久则此部招致擦伤、挫伤，甚至发生关节透创。四肢屈腱挛缩时，呈舞蹈样运动，体躯摇晃欲倒。触诊时，患腱紧张、硬度增加。指关节伸展受到限制（见图3-19和图3-20）。

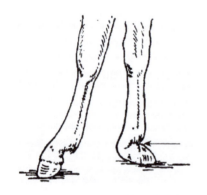

图3-19 幼驹后天性屈腱挛缩

引自《家畜外科学》

图3-20 幼驹先天性屈腱挛缩

引自《家畜外科学》

成年马屈腱挛缩时，以后肢发病较多，可一肢单发或两肢同时发病，深屈腱发病率较高。当浅屈腱挛缩时，主要引起球节掌屈，蹄负面尚能保持平坦着地，严重者则形成腱性突球。当深屈腱挛缩时，蹄关节屈曲，蹄踵高举，蹄尖着地，蹄前壁前倾。时间久时，蹄尖壁过度磨灭，成为滚蹄。被动运动检查时，挛缩的关节能屈不能伸，触诊时，患肢屈腱肥厚、紧张、不平整，并与周围组织愈合。

【治疗】

（1）**幼驹的屈腱挛缩**　一般采取装着固定绷带的方法即可矫正，少数严重病例尚需切腱治疗。装着石膏绷带或夹板绷带时，依病情不同，可从蹄部达到腕关节下部或桡骨中部，尽量使蹄关节伸展，装着时间一般为7天，一次未能矫正可装着第二次。

（2）**成年马的屈腱痉挛**　轻症病例可装钉蹬状蹄铁（象鼻蹄铁）进行矫正。严重的腱性突球或滚蹄，在采用装蹄疗法不能矫正时，可行深屈腱的切断术。术前修整蹄形，取患肢在上的侧卧保定。术部在掌（跖）部中1/3腱的侧方。术部剪毛消毒，用1%盐酸普鲁卡因液行浸润麻醉，于屈腱的侧方切开皮肤及筋膜，分离结缔组织，找出深屈腱，然后斜向切断。

缝合皮肤创口，装无菌绷带，最后装石膏绷带2～3周。手术中，切忌损伤血管和神经，避免切断浅屈腱及系韧带。

五、黏液囊疾病

黏液囊是皮下、筋膜下、腱下、肌间等处局限性的结缔组织盲囊，黏液囊与关节囊相通的叫"滑膜囊"。黏液囊的主要作用是减少相邻两组织间的摩擦力。临床上常见到出现病变的是马的皮下黏液囊。常发部位是肘头皮下黏液囊、腕前皮下黏液囊、跟骨头皮下黏液囊和背二头肌腱下滑液囊等。

【病因】

直接刺激：冲撞、跌倒、打击、长期的饥饿刺激和摩擦、长期走硬地、蹄铁不合适等。周围组织炎性的蔓延、化脓性关节炎、肌炎、继发马腺疫等传染病。

【症状】

急性：黏液囊呈现局限性圆形、卵圆性肿胀，囊内充满黏液（见

图3-21～图3-26），表面紧张，触诊有波动，并有热痛感，穿刺有黏稠微黄色液体，一般无明显全身症状，患肢出现轻度或中度跛行，如在腱或肌肉下的黏液囊发炎，则局部肿胀不明显。

慢性：来自长期微弱刺激，急性转来，黏液囊肿大，内积大量液体，有时有皮球大，黏液囊纤维层明显增厚，周围结缔组织增生，个别在纤维素炎的基础上有钙盐沉积，囊内可形成米粒大的黏液石。

化脓性：局部明显肿胀，热痛，全身症状明显，体温升高，精神沉郁，食欲下降。触诊局部有指压痕，穿刺流出化脓性分泌物。严重者脓汁破溃流出形成瘘管。

图3-21　左前肢结节间滑液囊炎的悬跛肢势
引自《家畜外科学》

图3-22　左侧肘头皮下黏液囊炎
引自《家畜外科学》

图3-23　腕前皮下黏液囊炎
引自《家畜外科学》

图3-24　跟骨头皮下黏液囊炎
引自《家畜外科学》

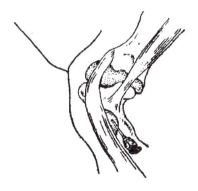

图3-25　结节间滑液囊炎的穿刺

引自《家畜外科学》

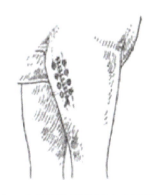

图3-26　手术摘除后的肘头皮下黏液囊炎

引自《家畜外科学》

【治疗】

化脓：穿刺排脓防腐消毒液冲洗，按感染创处理。

慢性：穿刺放液打压迫绷带。

对于久治不愈和化脓严重者可用手术把黏液囊摘除。在摘除前先把黏液囊内的液体吸出，注入95%酒精或10%硝酸银或5%碘酊，使囊壁坏死硬固后再进行手术，手术中要小心剥离，防止损伤其他部位，尤其是在关节囊周围的黏液囊，剥离时更要仔细。

六、神经疾病

四肢神经麻痹可分为完全麻痹、部分麻痹和不全麻痹。神经麻痹可能是中枢性的，也可能是末梢性的；有一侧性的，也有两侧同发的。

【病因】

引起麻痹的原因是多方面的，如外力直接作用，其他疾病继发或为某种疾病的症候群等。

【诊断】

由于损伤程度与部位不同，其临床表现也不一样。但外周神经麻痹有其共同症状。

（1）**运动功能障碍** 由于某种原因，运动神经处于麻痹状态，使受其支配的肌、腱的运动功能减弱或丧失，表现弛缓无力，丧失固定肢体和自动收缩能力。运步时，患肢出现关节过度伸展、屈曲或偏斜等异常表现。

（2）**感觉功能障碍** 外周神经为混合神经，受伤后会出现程度不同的感觉功能障碍，尤其感觉神经麻痹时，其支配的区域，知觉迟钝或丧失。如针刺时，痛觉减弱或消失，腱反射减退等。

（3）**肌肉萎缩** 当外周神经损伤时，必然会伤及自主神经纤维，导致营养失调，因此伤后很快出现肌肉萎缩现象。

【治疗】

以除去病因，恢复功能，预防肌肉萎缩为治疗原则。

1. 常用药物

（1）硝酸士的宁具有提高脊髓反射的兴奋作用，为了促进神经传导功能的恢复，一般用于运动神经麻痹，尤其脊髓性神经麻痹时更为常用。方法是用硝酸士的宁（一般为0.1%溶液）5～10mL行皮下注射，有时也可行静脉或尾椎内注射。连用6～7次为1疗程，因本剂有蓄积作用，一般不能长期连续应用。必要时，间断一段时间后再用第二疗程。在用药后如出现不安、恐惧、肌肉痉挛、强直等症状，应尽快应用水合氯醛或巴比妥类进行急救。

（2）3%盐酸毛果芸香碱混合液，用此药1～2mL加上0.1%肾上腺素0.5～1mL，行尾椎内或皮下注射，每日或隔日1次。维生素B_{12}行皮下、静脉或尾椎内注射。对神经疾病都有较好的效果，应用维生素B_{12}效果更好。

（3）肌无力症应用新斯的明、异氟磷，也可取得一定疗效。

（4）急性末梢性神经麻痹，风湿性麻痹可使用抗风湿类药物，如阿司匹林、萨罗、氨基比林等。

2. 物理疗法

应用针灸、电刺激或电热疗法，均可收到一定效果。为预防肌肉萎缩，可采用按摩疗法。

3. 中药疗法

以舒筋活血为治疗原则。

第六节 蹄病

一、蹄叶炎

蹄真皮的弥散性、无菌性炎症称为蹄叶炎。中兽医归于五攒痛范围，发病原因是外界因素引起气血或谷料毒气凝滞于蹄所致。蹄叶炎可广义地分为急性、亚急性或慢性。常发生在马的两前蹄，也发生在所有四蹄，或很偶然地发生于两后蹄或单独一蹄发病。

我国北部地区，蹄叶炎多发生于麦收季节。骑马、赛马时有发生。

【病因】

致病原因尚不能确切肯定，一般认为本病属于变态反应性疾病，但从疾病的发生看，可能为多因素的。

有时该病在其他疫病经过中发生，如腹泻、过劳性肌肉病、胎衣不下和对侧肢骨折等。该病也可由过食谷物引起，这就使乳酸杆菌繁殖，肠道大量的革兰阴性菌被消除，造成大量乳酸和内毒素的产生。有时该病可继发于流行性感冒、疝痛、传染性胸膜肺炎等。长期使役、缺乏运动、冷性应激等也可诱发本病发生。

【症状】

患急性蹄叶炎的马匹，精神沉郁，食欲减少，不愿意站立和运动。因避免患蹄负重，常出现典型的肢势变化，即前肢向前伸出，后肢置于躯体之下，以提踵承担体重。触诊病蹄可感到增温。叩诊或压诊时，相当敏感。可视黏膜常充血，体温升高到40～41℃，脉搏频数80～120次/分，呼吸变快。

【治疗】

治疗急性和亚急性蹄叶炎可按除去致病因、解除疼痛、改善循环、防止蹄骨转位等原则进行治疗。

急性蹄叶炎的治疗措施：使用冰敷疗法，持续5～10天；使用非甾体抗炎药（如保泰松）、消炎药、抗内毒素疗法、扩血管药、抗血栓疗法，合理削蹄和装蹄，必要时使用手术疗法。还可使用抗风湿疗法：用柴胡注射液30～40mL，配合地塞米松注射液5～10mg，一次肌内注射，二药可分别注射，也可混合注射。也可进行封闭疗法，以控制急性炎症。

慢性蹄叶炎的治疗：用电动锉清除去与健康蹄叶附着的蹄背侧壁，蹄的被部切除不要包扎绷带，而要用硫柳汞进行局部治疗。蹄底部、蹄真皮和蹄叶坏死区要清除到健康组织。蹄底的缺损要用绷带包扎，直到角质化为止，以后不要再包扎。也可使用针灸治疗：放患蹄蹄头血50mL，静脉放血1000mL。

国外部分兽医对蹄部进行坏死组织清除和防腐，在此基础上对蹄部进行蹄底支撑，要保证垫衬材料足够厚。另外，还可配合修蹄人员，对蹄进行平衡治疗，装治疗用的矫正蹄铁见图3-27。

图3-27　蹄叶炎病蹄的装蹄（虚线代表削切的部分）

引自《家畜外科学》

二、蹄底钉伤

在装蹄时,应从白线的外缘下钉。如果蹄钉从肉壁下缘、肉底外缘嵌入,损伤蹄真皮,即发生蹄钉伤。蹄钉直接刺入蹄真皮,或蹄钉靠近蹄真皮穿过,持续压迫蹄真皮,均能引起炎症。前者为直接钉伤,后者为间接钉伤。

【病因】

倾蹄或高蹄的蹄壁薄而峻立者,蹄壁脆弱而干燥者,过度磨灭的跛蹄,均易引起钉伤。蹄的过削,蹄壁负面过度锉切,蹄铁过狭,蹄钉的尖端分裂,不良蹄钉、旧蹄钉残留在蹄壁内,向内弯曲的蹄钉等;装蹄技术不熟练,不能合理下钉或反下钉刃,均为发生钉伤的原因。

【症状】

直接钉伤在下钉时就发现肢蹄有抽动表现,造钉节时再次出现抽动现象。拔出蹄钉时,蹄尖有血液附着,或由钉孔溢出血液。装蹄当时,受钉伤的肢蹄即出现跛行,2～3天后跛行增重。

间接钉伤时敏感的蹄真皮层受位置不正的蹄钉压挤而发病,在装蹄的当时不见异常变化,多在装蹄后3～6天出现原因不明的跛行。蹄部增温,指(趾)动脉亢进,敲打患部钉节或钳压钉头时,出现疼痛反应,表现有化脓性的蹄真皮炎的症候。如耽误治疗,经一段时间后,可从患蹄蹄冠自溃排脓。

【治疗】

直接钉伤可在装蹄过程中发现,应立即取下蹄铁,向钉孔内注入碘酊,涂敷松馏油,再用蹄膏(等份松香与黄蜡分别加火融化、混合而成)填塞蹄负面的缺损部。在拔出导致钉伤的蹄钉后,改换钉位装蹄。在装蹄时,患部的蹄负面设凹陷。

如有化脓性蹄真皮炎,扩大创孔以利排脓。用3%过氧化氢溶液或0.1%高锰酸钾溶液冲洗创腔,注入碘酊或每毫升溶有1000单位青霉素的盐酸普鲁卡因溶液5～10mL。填塞灭菌纱布,涂敷松馏油,包扎蹄绷带。

每隔3～5天换药一次，直至化脓停止。如炎症反应强烈，应同时肌内注射抗生素，防止继发败血症。

三、蹄底刺伤

蹄底刺伤是马匹由锋锐物体直接刺到真皮或其深层组织，往往引起化脓过程，也可并发破伤风、蹄骨骨折等。

【病因】

引起马匹蹄底刺伤的原因，分为间接原因和直接原因。间接原因是平蹄或丰蹄，装蹄前过度削蹄；蹄部卫生不良，如马厩潮湿，粪尿堆积，使蹄角质的弹性和抵抗力减弱，易造成蹄底刺伤。直接的原因是尖锐物体，如钉子、铁片、铁丝、骨块、玻璃片、木茬和庄稼茬等刺穿蹄底或蹄叉，多发生在后者。最常发生在垃圾场上、工地上、森林地带服役的马匹，也有的马匹是由于本身的蹄铁脱落，而踏在铁唇或残留的蹄钉上引起。

【症状】

当发生刺伤时，微生物和脏物可随致伤物体进入深部组织，引起化脓坏死性过程。临床症状大多数马匹可突然出现跛行，程度决定于刺伤的深度和部位，从以蹄尖负重到整个肢不负重。

如刺伤较浅时，当时可没有明显的症状，随着化脓性炎症的进展，2～3天内可出现明显的跛行，跛行以支跛为主，一般可见蹄温升高，指（趾）动脉亢进，蹄钳压诊时有疼痛反应。

蹄底检查时，首先注意蹄叉处是否存在致伤物体。检查蹄底穹窿角质时，注意有无尖锐物体的刺入孔，有时从刺入孔流出血液或脓性分泌物。一般蹄底常附有泥土粪尿，不容易直接看到刺入孔，检查时必须仔细清除这些附着物，并用消毒液充分清洗，必要时进行削蹄，除去表层角质，才能发现狭小的刺入孔。如已经形成化脓性炎症时，脓汁只能从刺入孔排出少量，大量的脓汁可蓄积于角质下，使角质与真皮剥离，脓汁沿蹄底扩散，特别是在蹄叉或蹄底后部时，脓汁可向蹄球蔓延，从指（趾）间隙或蹄叉上方的掌面向外排脓。脓汁如蔓延到深部组织时，可引起骨坏死、腱和腱鞘的化脓性炎症、化脓性蹄关节炎、化脓性舟状骨滑膜囊炎等，有这些并发症时症状更为复杂。化脓性炎症蔓延到蹄冠时，可出现蹄冠蜂窝织炎症状，系凹部也可出现肿胀。蓄积的脓汁排出后，立刻可见到症状改善，体温下降，跛行程度减轻。用蹄刀将刺入孔削成倒漏斗状，新发生的刺伤可流出陈旧血液和渗出液，陈旧刺伤时可流出污黑色脓汁，舟状骨滑膜囊或蹄关节损伤时，可有滑液流出。

【诊断】

诊断要详细询问病史和做周密细致的检查才能确诊，因为刺伤的部位不总是明显的，必须经过仔细地探查才能找到刺入孔，要确定刺入的方向和深度更是困难，必要时应做放射学检查，以确定有无异物和脓汁蓄积情况，深部组织损伤情况、有无并发症等。

要与蹄底挫伤、急性蹄叶炎、蹄骨骨折作鉴别诊断。

预后：没有引起深部组织并发症的刺伤，如能及时诊断和合理治疗，预后良好。深部刺伤并引起并发症时，预后应慎重或可疑。如刺入到关节内时，预后不良。

【治疗】

蹄底检查时，发现了刺入的物体还存留在刺入孔中，不要急于将异物拔出。先将患蹄机械性清除附着的粪尿泥土，用消毒液清洗并擦干，涂以5%碘酊，然后再将可见的异物拔出，同时注意刺入的方向和深度。

刺入孔无异物时，也应做上述处理。将刺入孔用蹄刀扩成倒漏斗形，新鲜刺伤时注入5%碘酊。已化脓时，扩开刺入孔即可见脓性渗出物或脓汁从创口流出，这时应尽可能扩大创孔，使脓性渗出物或脓汁充分排出，并切除一切可见的失去活力的组织，扩开角质下的潜道，深部组织有坏死时，也应手术取除，如有死骨片时，必须取出。用消毒液彻底清洗后，再灌注碘酊或碘仿醚，以控制深部感染。角质缺损面用磺胺或抗生素或其他消毒药包扎，再装防水绷带或蹄套。也可装铁板蹄铁覆盖，敷料在1周后更换。

全身用抗生素控制。注意注射破伤风抗毒素，以预防破伤风。

如有骨、腱、关节等并发症时，应采取有关手术或治疗措施。

四、蹄底挫伤

蹄底挫伤是由于石子、砖瓦块等钝性物体压迫和撞击蹄底，引起蹄底真皮发生挫伤，有时也伤及更深部组织，通常伴有组织溢血，如挫伤的组织发生感染，可引起化脓性过程。马多发生于前肢，因前肢负重较大，而蹄底的穹窿度又小，大多数蹄底挫伤发生于蹄底后部，如蹄底角。

【病因】

肢势和指（趾）轴不正，蹄的某部分负担过重；某些变形蹄，如狭蹄、倾蹄、弯蹄、平蹄、丰蹄、芜蹄等，因蹄的负担不均匀，或蹄的穹窿度变小；蹄底过度磨灭，或蹄底角质软、脆、不平、弹性减弱等，都易引起蹄底挫伤。

直接引起蹄底挫伤的原因是装蹄前削壁失宜，蹄负面削得不均匀、不一致，多削的一侧容易发生挫伤，蹄底多削时，多削的蹄底处变弱，容易受到压迫；装蹄不合理，如蹄铁短而窄，蹄铁过小；护蹄不良，蹄变软或过分干燥；马匹在不平的、硬的（如石子地、山地等）道路上长期使役，蹄底经常受到挫伤，甚至小石子可夹到蹄叉侧沟内，或蹄和蹄铁之间，引起挫伤。

【症状】

轻度挫伤有时不发生跛行，所以，也不被人们注意，只是在削蹄时，看到蹄底角质内有溢血痕迹，出现黄色、红色或褐色斑块，此斑块在削蹄一次或几次后消除。

挫伤严重时，可见不同程度的功能障碍，患肢减负体重，以蹄尖着地，运步时呈典型的支跛，特别是在不平的道路上运步时，可见跛行突然有几步加重，这是挫伤部踏在坚硬的石头或硬物上引起疼痛所致，患侧的指（趾）动脉触诊亢进，蹄温增高，有时蹄球窝肿胀，以检蹄器压诊，触及患部时，马表现明显疼痛。

削蹄检查时，挫伤部有出血斑，这是由于发生挫伤时，小血管发生破裂溢血，如为毛细血管破裂时，出血呈点状，如为较大的血管时则呈斑状，由于流出的血液分解的关系，可呈现不同的颜色，如红色、蓝色、褐色或黄色等。重剧的挫伤，有时在挫伤部形成血肿，在蹄底角质下形成小的腔洞，其中蓄有凝血块。

挫伤部发生感染时，可形成化脓性过程，脓汁可向其他部位蔓延，致使角质剥离，形成潜洞或潜道。有时顺蹄壁小叶，引起蹄冠蜂窝织炎，并可从蹄冠处破溃。一般局部化脓时，常从原挫伤处破溃，流出污灰色脓汁，恶臭。蹄在化脓时，常伴有全身症候。化脓过程出现蹄冠或蹄底破溃时，跛行可减轻，全身症状可消失。

确诊蹄底挫伤应在清蹄后进行详细检查，马匹最好除去蹄铁。必要时，要削薄蹄底角质进行检查，以便确诊受挫伤的部位和程度。

怀疑深部组织有损伤时，如怀疑骨有损伤时，应作放射学检查。

【预后】

轻度挫伤并能及时发现，采取治疗措施时，预后良好。

重度挫伤，虽然可拖的时间较长，但经过治疗，预后也是良好的。引起化脓时，炎症可蔓延到其他组织，预后应慎重。变形蹄引起的蹄底挫伤，治愈后可复发。

【治疗】

治疗原则是除去病因，采取外科治疗措施，实行合理装蹄。

轻度挫伤，除去病因后，使马匹休息，停止使役，配合蹄部治疗，一般在2～3天后，炎症可平息。

五、蹄叉腐烂

蹄叉腐烂是蹄叉真皮的慢性化脓性炎症，伴发蹄叉角质的腐败分解，是常发蹄病。本病为马属动物特有疾病，多为一蹄发病，有时两三蹄，甚至四蹄同时发病。

【病因】

蹄叉角质不良是发生本病的因素。

护蹄不良，厩舍和系马场不洁潮湿，粪尿长期浸渍蹄叉，都可引起角质软化；在雨季，马匹经常于泥水中作业，也可引起角质软化；马匹长期舍饲，不经常使役，不合理削蹄，如蹄叉过削、蹄踵壁留得过高、内外蹄踵壁切削不一致等，都可影响蹄叉的功能，使局部的血液循环发生障碍；不合理的装蹄，如马匹装以高铁脐蹄铁，运步时蹄叉不能着地，或经常装着厚尾蹄铁或连尾蹄铁，都会引起蹄叉发育不良，进而导致蹄叉腐烂。

我国北方地区，在冬季为了防滑，给马匹整个蹄底装轮胎做的厚胶皮掌，到春天取下胶皮掌时，常常发现蹄叉已腐烂。

有人试验，用不同方法破坏肢的淋巴循环，可引起临床上的蹄叉腐烂。

【症状】

前期症状，可在蹄叉中沟和侧沟，通常在侧沟处有污黑色的恶臭分泌物，这时没有功能障碍，只是蹄叉角质的腐败分解，没有伤及真皮。

如果真皮被伤害，立即出现跛行，这种跛行走软地或沙地特别明显。运步时以蹄尖着地，严重时呈三脚跳。蹄底检查时，可见蹄叉萎缩，甚至整个蹄叉被腐败分解，蹄叉侧沟有恶臭的污黑色分泌物。当蹄叉侧沟或中沟向深层探诊时，患马表现高度疼痛，用检蹄器压诊时，也表现疼痛。

因为蹄踵壁的蹄缘向回折转而与蹄叉相连，炎症也可蔓延到蹄缘的生发层，从而破坏角质的生长，引起局部发生病态蹄轮。蹄叉被破坏，蹄踵壁向外扩张的作用消失，可继发狭窄蹄。

【治疗】

将患马放在干燥的马厩内，使蹄保持干燥和清洁。

用0.1%升汞液、2%漂白粉液或1%高锰酸钾液清洗蹄部，除去泥土、粪块等杂物，消除腐败的角质。再次用上述药液清洗腐烂部，然后再注入2%～3%福尔马林酒精溶液。

用麻丝浸松馏油塞入腐烂部，隔日换药，效果很好。

可用装蹄疗法协助治疗，为了使蹄叉负重，可适当削蹄踵负缘。为了增强蹄叉活动，可充分削开绞约部，当急性炎症消失以后，可给马装蹄，以使患蹄更完全地着地，加强蹄叉活动，装以浸有松馏油的麻丝垫的连尾蹄铁最为合理。

引起蹄叉腐烂的变形蹄应逐步矫正。

【预后】

大多数病例预后良好，在发病初期，还没有发生蹄叉萎缩、蹄踵狭窄及真皮外露时，经过适当的治疗，可以很快痊愈。如已发生上述变化时，需要长时间治疗和装蹄矫正。

第四章 产科病

第一节 妊娠期疾病

一、流产

流产是由于胎儿或母体发生异常而导致妊娠的生理过程发生扰乱，或它们之间的正常关系受到破坏而导致妊娠中断（见图4-1）。马的正常妊娠期在335～342天之间，但还有一定的范围。若母马在300天之前排出胎儿，称为流产，在300～320天胎儿产出则称为早产。马流产可发生于妊娠的各个阶段，但妊娠早期发生较多。

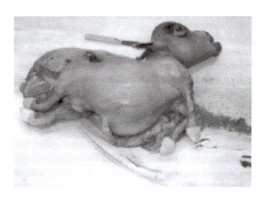

图4-1 刚流产的胎儿，伴有多发性畸形，包括下颌骨畸形和体格过小（见彩图）

【病因】

包括传染性原因、非传染性原因和胎儿、胎盘或母马本身异常。每一类流产又可分为自发性流产和症状性流产，自发性流产为胎儿及胎盘出现异常或直接受到影响发生的流产，症状性流产是妊娠母马本身某些疾病或其他异常的一种症状。

引起流产常见的病毒有马鼻肺炎病毒、马动脉炎病毒和马传染性贫血病毒等；引起流产最主要的致病菌为链球菌（最常见）、大肠杆菌、假单胞菌、肺炎克雷伯杆菌、葡萄球菌，还有沙门菌、兽疫链球菌、诺卡菌及钩端螺旋体和真菌等，马媾疫锥虫和弩巴贝斯虫侵袭也可引起母马流产。

胚胎、胎儿及胎盘发育异常，双胎妊娠，内分泌功能异常，营养不良，管理不当，生殖器官及其他器官系统可引起流产，此外因饲料保存、饲喂不当及有毒物质引起中毒等均可引起流产，还要注意因医护人员用药和诊疗操作失误而引起的医源性流产。

【临床症状】

流产因致病因素、发生的时间及母马反应的不同，其病理变化及临床表现也差异很大，可以归纳为隐性流产、排出不足月胎儿和延期流产3种类型。

1.隐性流产

也称早期胚胎死亡（EEDs），发生于妊娠早期40天以前，胚胎还未形成胎儿就死亡，发生液化被母体吸收，临床上很难发现外部异常表现，往往母马在进行早期妊娠诊断时确定怀孕，但在超过一个发情周期后常常出现返情，再进行直肠检查和超声检查，发现胚胎已经消失。所报道的该病发生率可因妊娠诊断时间的不同而异，直肠检查确定的妊娠EEDs发病率为7%～16%，而更早时间应用超声检查确定妊娠者其发生率则上升到24%。胚胎死亡最多发生的时间是妊娠最初的第10～14天，之后减少。很多原因可引起此病发生。

2.排出不足月胎儿

流产排出的胎儿大多数死亡。在妊娠早期因胎儿和胎膜很小，若发生流产，排出时不容易被发现。妊娠中后期流产时常常有流产的预兆，可见胎水、胎儿和胎膜排出，妊娠后期排出成活胎儿称为早产，马300～320天即使排出活胎儿也很难存活。

3.延期流产

胎儿死亡后，由于子宫收缩力弱，子宫颈不开张或开放小，使胎儿停留于子宫内，称为延期流产。若胎儿死亡后黄体仍保持分泌孕酮的功能，子宫收缩力弱，子宫颈完全不开张，子宫与外界完全隔绝，胎水及胎儿组织中的水分被逐渐吸收，胎儿变干，体积缩小，胎儿的头部及四肢因子宫收缩而蜷缩在一起，极似干尸，故称为胎儿干尸化或木乃伊化，有时发现的是半干尸化胎儿。常见的情形是双胎妊娠时，其中一个胎儿自发性死亡并木乃伊化，保留的活胎儿使得妊娠继续维持下去（见图4-2）。若胎儿死亡后子宫颈有所开张，但开张度不足，子宫收缩力弱，未能排出胎儿，则由于有细菌特别是腐败菌进入子宫，而使胎儿软组织发生分解，变为液体排出，胎儿骨骼残留于子宫内，这种情况称为胎儿浸溶，但发生这种情况时母马往往会因严重感染而死亡。

图4-2 在妊娠后期发生的双胎流产（显示胎儿大小有明显不同，小的胎儿已经在子宫内死亡并处于木乃伊化早期）（见彩图）

【诊断】

直肠触诊和超声检查可以判断早期胚胎和胎儿死亡或流失。如妊娠期间表现异常的母马，要仔细检查阴门排出物性状，子宫颈是否开张及开张度大小，乳房是否肿胀甚至有分泌物排出，腹痛程度及原因，可考虑直肠触诊和经直肠超声检查判断有无胎盘炎症发生、胎儿是否存活或者发生干尸化，还可以考虑内分泌检查，并判断有无保胎的可能。对于流产出来的胎儿、胎膜及胎水也要检查是否异常和病变，以确定引起流产的原因，特别是对疑似传染病者要进行病原诊断。

对于因感染性因素而致的流产，除了表现流产外，还可能有各种疾病相应的症状，包括全身症状及其他器官系统障碍等表现。

【治疗】

在母马出现腹痛、起卧不安、呼吸心跳加快等临床症状，可能要发生流产时，可以采取安胎措施，每日或隔日肌内注射孕酮50～100mg，注射1%硫酸阿托品1～3mL，还可以给予镇静止痛剂，如氟尼辛葡甲胺，若怀疑有细菌感染及胎盘炎，应给予抗菌消炎药。若流产发展到不可逆转，子宫颈已经开张，胎膜囊进入产道甚至破水，应促使子宫内容物尽快排出。母马发现发生胎儿干尸化者，应注射前列腺素和扩张子宫颈诱导木乃伊胎儿排出。可用无菌生理盐水冲洗子宫辅助润滑排出，排出胎儿后，还需要继续冲洗以清除子宫内残留的碎片和污染物。若发生浸溶时疑似感染，要应用抗生素。过大的干尸胎儿需要剖腹手术取出。

【预防】

首先要保证良好的饲养管理和繁殖管理，尽可能避免医源性流产的发生。常规应用早期超声妊娠检查可及早发现双胎妊娠并及时处理，可在很大程度上降低因双胎所致的流产。及早确定子宫内膜疾病有助于预测发生流产的可能性，可在受孕前采取针对性治疗。

在流行地区要采取疫苗接种措施。配种前要进行检疫，用无病种公马或精液配种。在传染病暴发时，对有过接触的母马和种公马都应进行检查并隔离至恢复后3周，对血清学反应阴性的马匹注射弱毒疫苗。对细菌性子宫内膜炎应该加以鉴定和治疗，并且采取各种方法减少引起生殖道污染的机会，特别是要注意预防上行性感染和子宫内膜炎。可以考虑使用马流产沙门菌疫苗，还可考虑用非马用的疫苗预防马钩端螺旋体流产。

二、双胎妊娠

双胎妊娠率与品种有关，重挽马发生率较高，小体型品种马发生率较低，一些经产母马倾向于多重排卵因而双胎妊娠率也较高，同卵双胎在马十分罕见。双胎妊娠通常不会持续到足月，大约有75%的单子宫角双胎妊娠和约15%双子宫角双胎母马会发生自发性流产（见图4-3），处置措施为人为破坏一个胎儿或者激素诱导两个胎儿流产。由于双胎妊娠对母马和胎儿存在危险性，对于确诊病例应该在妊娠中期之前予以终止。

图4-3 非常罕见的情况，一匹矮种母马产出活的双胎马驹，出生时均为成熟不良胎，大小差异明显（见彩图）

【病因】

多重排卵在配种时会有多个卵子受精，可在单侧或双侧子宫角定位。已经发现在妊娠第16天双胎定位在一侧子宫角时，83%的病例会经历所谓的"自然减少"，到排卵后第40天时扫描发现只剩下一个胚胎。而在第16天检查是双侧子宫角定位的双胎，则不会经历自然减少，在第40天扫描检查仍为双胎阳性，每侧子宫角均有一个胚胎。双胎妊娠是不能维持到足月的，尤其是在单侧子宫角时，由于胎盘功能不全，常常导致一个或两个胎儿死亡和早期流产，很少有能够维持到足月分娩的，若能足月分娩，常常是一个或两个是死胎，或者就是严重成熟不良胎儿。有时出现一个胎儿木乃伊化，但可妊娠维持至足月，分娩时可产出一个正常胎儿。

【临床症状】

排卵后通过直肠检查或超声波扫描，可以发现两个或更多的排卵卵泡或在之后出现两个孕体。可能发生早期流产，如果妊娠得以维持，则可能娩出两个成熟不良胎儿或两个死胎。双角双胎通常在妊娠后期（7个月以后）发生流产。

【诊断】

排卵后14～15天对生殖器官进行全面的超声检查是鉴定多个游离胚胎和多个黄体的最佳时机（见图4-4）。如果疑似双胎要用高质量的超声仪在24～48h内再次检查，以确认是双胎而不是子宫内膜囊肿，有时二者可能混淆（胚胎生长且形态变化快，能够游离，且壁较薄）。不同步排卵会导致胚胎的大小不同，如果只进行一次检查，会导致成熟度差的胚胎未被发现。在配种后例行直肠检查卵巢和子宫，有时可发现两个孕体，但是都需要通过超声检查来确认。发现多个卵泡发育和多重排卵并不能成为延迟配种的理由，因为并不是所有的卵子都能受精，母马有较高的早期胚胎死亡发生率，而且不是所有的胚胎均能持续发育。

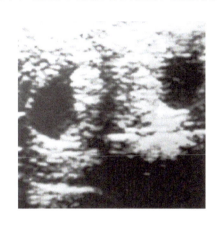

图4-4 超声检查影像显示胎龄17天的双胎孕体，每侧子宫角各一个（见彩图）

【处置】

处置的方法是终止一个或两个胚胎的妊娠。在16天左右胚胎仍具有游离性时，可人为将一个较小的胚胎移到某一部位，通常是子宫角末端，抵于超声探头或骨盆壁或手掌内进行人为破坏。若用地托咪定等对母马镇静，可使操作更顺利，要注意防止对母马造成伤害。孕体破坏后需要进行连续扫描跟踪检查，以确保胚胎破坏成功并检查保留下来的孕体的健康。在20～30天的双角双胎仍可用此方法进行破坏，但成功率低，而若在此时间段为单角双胎，因已被子宫张力固定，分离通常并不可行，系列扫描对双胎妊娠进展进行监测，因为相当一部分可能发生"自然减少"（约占50%）。不支持破坏已经稳定着床于子宫体的胚泡，过度的外力造成子宫损伤。还可在胚胎着床前采用子宫灌注法冲出胚胎。在妊娠30天之后直到60天（最理想的是45～60天），通过阴道前部超声介导穿刺并抽吸尿囊液，可以选择性地减少一个胚胎或胎儿，但是此法对于保留单个成活胎儿的成功率受到限制。在妊娠更后的阶段（超过120天），可以通过经腹部超声介导直接注射氯化钾于一个胎儿心脏来诱导胎儿死亡及流产。在所有的病例中，双胎减少处理后3～4天都需要进行复检，以确保成功。当妊娠后34天仍没有达到预期目标的，或者需要同时去除双胎的，在排卵后35天左右子宫内膜杯形成以前，应该采用多剂量的前列腺素诱导流产。

【预后】

在胚胎游离期（排卵后16～18天）人为破坏单角或双角双胎妊娠中的一个胚胎是很有效的，成功率可达95%；如果单侧子宫角双胎难以分离，技术高超的医生仍可获得破坏一个保留另一个50%的成功率。所有双胎妊娠成功治疗的关键是要早期诊断，最好是在胚胎游离期进行处理，晚于这个时间常常会导致保留的孕体吸收或流产而使妊娠失败而母马返情。大约70%的单子宫角双胎在妊娠30天之前会发生自然减少而保留一个胚胎，但对于双子宫角双胎妊娠，几乎不发生自然减少，如果允许妊娠持续下去，会导致流产、难产、胎盘滞留、子宫复旧延迟，母马以后繁殖能力降低，常会产死胎或成熟不良胎儿。有些个体和品种（如纯血马）在其整个繁殖生命中具有多重排卵及双胎的倾向。难孕母马和处女母马比哺乳期母马更容易发生多重排卵。

三、子宫捻转

子宫捻转并不常见，且多发生于妊娠后期（7个月以上），只有少数发生在分娩时。临床多表现为轻度的、间歇性腹痛，通过直肠检查可确诊。可在全身麻醉情况下采取翻转母体进行子宫复位，但多数采取外科手术方法治疗。

【病因】

导致子宫捻转的原因不清楚，但严重的创伤、身体剧烈翻转（例如伴有胃肠道疾病）以及胎儿的突然运动都可能引发子宫捻转。马子宫捻转一般不波及子宫颈和阴道。老龄母马更容易发生。

【临床症状】

大多数患有子宫捻转的妊娠母马均表现轻度的间歇性腹痛，但是随着扭转程度的加重、继发阔韧带紧张以及对子宫壁的压迫，腹痛表现加剧。如果出现坏死会引起胃肠道并发症和子宫破裂，临床症状恶化并使预后变差。若在分娩时发生子宫捻转会造成难产。

【诊断】

直肠触诊特别是检查子宫阔韧带是确诊本病的关键。子宫阔韧带紧张度和位置的变化与扭转的方向相关，若为顺时针方向（从母马后方）扭转，左侧的阔韧带从左至右绕过了子宫的背侧，而右侧阔韧带在下方消失，胎儿向前方位移。扭转的程度从中度到重度（90°～720°）不等，扭转的程度越大，对子宫血液循环、胎盘和胎儿的影响越严重。

阴道视诊检查或伸入手指探查，通常对诊断意义不大，因很少波及子宫颈和阴道前部。即使涉及子宫颈，也难以触摸或观察到。

注意与引起妊娠母马腹痛的其他疾病进行鉴别，包括流产或早产、胃肠道异常引起的疝痛、胎动过强、子宫背侧后弯、胎水过多、子宫破裂、腹下壁破裂、耻骨前腱断裂。

【治疗】

早期介入对于预防和纠正局部缺氧和淤血是至关重要的，这些变化会引起胎儿死亡，甚至子宫破裂。如果子宫捻转发生在分娩时，此时宫颈口是松弛的、扭转程度较轻而且能通过子宫颈触摸到胎儿，可在母马站立的情况下尝试抓住胎儿反方向扭转胎儿进行矫正。

采用全麻下使用腹侧加厚木板翻转母体矫正子宫，但是可能不成功，甚至造成严重的并发症，如胎盘早剥、子宫破裂或动脉破裂（见图4-5）。大多数还是需要采用外科手术方法进行矫正，采取站立保定侧部剖腹手术（可能需要两侧开口）；或者在全身麻醉下仰卧保定腹正中剖腹手术。第二种手术方法可以提供一个更好的术野，便于观察子宫、韧带、血液供应和胃肠道状况，并可鉴定各种损伤和其后选择合适的修补方法，同时还可以考虑选择剖宫产。如果是单纯的子宫扭转没有并发症，将子宫复位后，可以继续妊娠直至分娩，此时母马处于高危妊娠，需要更加精心的监护。在分娩时捻转的子宫矫正后通常幼驹会立即排出，需适当助产。

如果腹痛持续不止，可给予平滑肌解痉剂进行控制。子宫背侧后弯是

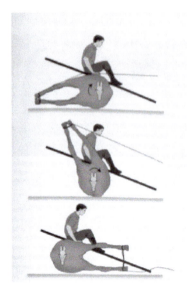

图4-5 妊娠期满前翻转母马矫正子宫捻转

在妊娠后期，胎儿嵌入骨盆腔而引起腹痛，原因不详，可经直肠或阴道触诊判断，治疗可使用平滑肌松弛剂，减少饲喂量并配合有规律的牵遛运动。

【预后】

要根据子宫捻转的程度和发生的时间，以及矫正的效果及时间来判断。资料统计有50%的幼驹和70%的母马可于手术矫正后存活。如果伴随并发症致子宫破裂或子宫血管严重损伤，则母马和幼驹的预后严重不良。

第二节　产后期疾病

一、子宫破裂

子宫破裂通常继发于分娩过程中的其他疾病。撕裂部位常位于子宫腹侧，可以是全层撕裂或者是部分撕裂，部分撕裂通常不易发现，可随着子宫的复旧而自愈，全层撕裂会伴随腹痛、严重的腹腔出血及污染，甚至胎儿会在临产前掉入腹腔。

【病因】

常继发于其他的一些疾病，如胎水过多、子宫捻转、难产助产操作，少数继发于胎动过强，特别是胎儿后肢活动过强。以及冲洗子宫使用导管不当、插入过深等均可发生子宫破裂。

【临床症状】

对产后的子宫不做详细检查是很难发现子宫的部分破裂。子宫破裂并不总会出现严重的腹腔出血,而一旦出现这种情况,母马会发生失血性休克并迅速死亡。如果胎儿部分或全部掉入腹腔,会引起妊娠后期母马腹痛以及可能的与粘连和腹膜炎有关的肠道并发症。产后子宫全层撕裂可能自愈而未被发现,而其他由于子宫污染而发生腹膜炎的病例,临床上表现有腹痛和护痛、发热、精神沉郁以及毒血症和败血性休克症状。少数未被发现的病例,在产后冲洗子宫时,因注入子宫液体流入腹腔而不能导出,才被确认为子宫破裂。

【诊断】

子宫全层破裂可通过手臂经阴道伸入子宫检查、直肠触诊和经直肠超声检查而确诊,但部分破裂难以被探测到。进行触诊时应小心谨慎,以免造成撕裂创的进一步扩大,对于所有难产母马在产后都应检查有无撕裂创。很有必要对妊娠后期母马进行经腹部超声检查,可以确定胎儿的位置和健康状况,也可探查出可能发生的破裂。腹腔液分析可以反映出撕裂创的深度及广度,也可以确认是否有腹腔出血及腹膜炎发生。腹腔镜检查可以用来确认是否发生撕裂创并可能对小的撕裂创进行修复。

【治疗】

子宫的不完全破裂通常可在子宫复旧过程中发生二期愈合而不需要特殊的治疗,可以给予催产素促进子宫收缩清除内容物和皱缩。不可进行子宫冲洗,因为会使病情加重。有时部分破裂仅保留完整浆膜存在,采用的治疗措施与引起腹膜炎的子宫全层破裂相似。伴随腹膜炎的子宫撕裂创需要外科手术修复而后进行腹腔冲洗,一般通过腹白线打开腹腔进行手术并且术后要连续多日冲洗腹腔(图4-6)。所有诊断为子宫破裂(部分或全部)的母马都需要全身应用广谱抗生素、抗内毒素的非甾体抗炎药(NSAIDs)和催产素(10~20IU,每2h一次)进行治疗。患腹膜炎的母马要通过静脉输液强化治疗,并且要对蹄叶炎进行预防性治疗。

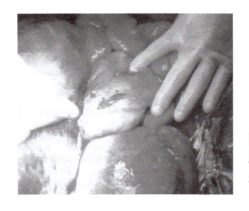

图4-6 母马剖腹手术不久，显示子宫上小的撕裂口（见彩图）

【预后】

根据子宫破裂的程度、诊断及治疗的时机、出血和腹腔污染的程度以及并发的腹膜炎、粘连和继发性肠损伤等，其预后谨慎到不良。子宫部分破裂的母马可痊愈，但至少60天内不得配种，并且最好考虑人工授精。全层撕裂的母马在整个繁殖季节都不得进行配种。

二、子宫脱出

子宫全部翻出于阴门之外，称为子宫脱出。常发生于难产、经过助产或牵引术以及产后强烈努责的母畜，但马较少见。

【病因】

子宫脱出常发生于难产之后，特别是难产时间过长及强力或快速牵引胎儿时，也发生于妊娠后期流产之后并可继发于引起产后努责的疾病如胎盘滞留、阴门及阴道撕裂以及外力牵引和子宫迟缓等。

【临床症状】

病马表现轻度不安，经常努责，尾根举起。当明显努责时，产道检查可发现柔软、圆形的瘤样物。直肠检查可发现肿大的子宫角似肠套叠，子宫韧带紧张。母马持续努责即发展为子宫脱出。刚产完驹的母马（几个小时，极少几天）阴门外露出大小不同的外翻子宫（图4-7和图4-8）。由于出血量不同，脱出的子宫外观呈鲜红色或暗红色，有不同程度的损伤和脆性，有的可能仍有胎盘附着。常表现明显的全身症状，如体温升高，脉搏增数，食欲不振等。若卵巢动脉或子宫动脉发生破裂会引起腹痛和迅速死亡。极少数病例伴随膀胱外翻、子宫破裂和小肠疝，预后不良。

【诊断】

根据临床症状和直肠及阴道触诊可做出诊断。

【治疗】

在治疗过程中要尽可能地保护好子宫，以防止造成进一步损伤。患病母马应保定并保持安静，最好采取站立体位，必要时给予镇静止痛剂，但注意药物诱导低血容量，有可能会造成母马衰竭。最好在进行子宫复位前提前全身性给予抗生素（包括口服甲硝唑）和NSAIDs（氟尼辛葡甲胺），以预防子宫炎及内毒素血症的发生。脱出的子宫应该置于干净的塑料单或盘子上并抬高，最好保持与阴门同一水平，这样会改善子宫血液循环，缓解水肿，降低子宫血管破裂和子宫黏膜损伤的可能性。子宫应用温热稀释的聚维酮碘溶液彻底清洗，再用等渗盐水清洗去除子宫表面的所有碎片并对损伤进行鉴定，用产科润滑剂或浸了温盐水的湿毛巾覆盖子宫黏膜，有助于子宫复位并可防止干燥。如易分离胎盘而不造成子宫的进一步损伤，应该在整复子宫前剥离胎盘。在复位过程中，应小心保护子宫损伤部位，撕裂创应用可吸收缝线缝合。一般情况下，复位过程要在母马镇静和硬膜外麻醉并将母马处于前低后高站立状态下进行，但在一些病例必须进行全身麻醉，

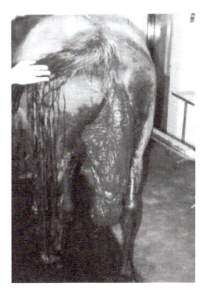

图4-7　产后子宫脱出（见彩图）

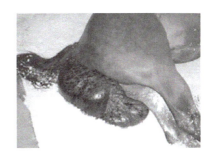

图4-8　一匹母马产后子宫脱出，施行了安乐死（见彩图）

应该将后躯部抬高。应小心地将脱出的子宫复位，由阴道开始，其次是子宫颈，最后是子宫本身。在操作过程中要注意不要用手指按压，尽量用手掌送入，以防止抠破或撕破脆弱的子宫。用塑料单覆盖住子宫进行复位可减少损伤的发生。当把子宫送入腹部时，要确保完全复位，特别是子宫角末端部位，否则可能发生再次脱出及子宫角末端的损伤及坏死。如果手臂不能够达到子宫角末端，可通过子宫内灌注清洁温水，最好是生理盐水来使子宫完全复位，灌洗子宫并排出液体会进一步减少污染和发生败血性子宫炎的风险。一旦直肠指检确定子宫整复完成，每两小时注射10～20IU催产素会促进子宫复旧，还可在子宫内投放抗生素，如果胎盘滞留仍然存在，应着手进行专门治疗。可考虑缝合阴门来防止子宫再次脱出，但实际上这样做对防止阴道积气更有效果。若子宫完全复位或不表现持续性强烈努责，一般脱出不会复发。如果涉及肠道的病变和损伤，需要采取剖腹探查并进行外科手术治疗。

在经导尿管或穿刺引流尿液后，将脱出的膀胱复位。

最初急救治疗后，要根据复旧程度来决定连续使用小剂量催产素，根据母马的临床表现决定是否进行液体疗法、广谱抗生素和抗内毒素等治疗措施，持续灌洗子宫直到导出的液体清亮为止。

【预后】

根据子宫脱出和子宫损伤的程度、是否发生继发症如子宫破裂和血管损伤，以及有无继发性并发症如休克和子宫炎等，预后谨慎到不良，有的甚至来不及诊治就发生死亡。子宫复位后常继发子宫炎，要早期进行积极的治疗，在以后的妊娠中子宫脱出的发生率不会增加。

三、胎膜滞留

胎膜滞留（胎衣不下）亦称胎盘滞留，是母马产出胎儿后，超过正常胎衣排出时间仍未排出胎衣的一种并发病。正常情况下在胎儿出生后1～3h胎盘从子宫排出（分娩第三期），但也有较大的差异，有些母马的胎膜可保留24～48h而没有发生严重的并发症。马胎膜滞留的发生率为

4%，重挽马较多发。

【病因】

所有影响子宫收缩的因素均可能引起胎衣不下，包括：难产，特别是经过人工助产或碎胎术者；人工引产；早产；流产；剖宫产；硒、钙、磷缺乏与不平衡；子宫弛缓及疲乏（如胎水过多或双胎妊娠、缺乏运动或肥胖、全身麻醉等）；胎盘炎；催产素释放不正常等。

【临床症状】

马整个胎膜滞留，从阴门脱出的带状胎衣为尿膜羊膜，呈灰白色，表面光滑。而部分外露的绒毛膜为暗红色。部分胎膜滞留不易发现，也比较少见。

【诊断】

临床症状即具备诊断意义。如根据绒毛膜破口的断端不相吻合，以及胎囊子宫角部分不完整即可确诊为部分胎膜滞留。在子宫严重弛张时，全部胎膜可能滞留在子宫内。悬吊于阴门之外的胎衣也可能断离。因此要将手伸入子宫检查才能确认子宫内还有胎衣。如发生并发症，需采集子宫和血液样品进行细菌培养和药敏试验，以及血常规和血清生化试验予以认定。

【治疗】

根据胎膜滞留时间的长短和是否伴有败血性子宫炎，所采用的治疗措施有相当大的差异。在胎膜悬垂于母马后肢，特别是已经垂到跗关节之下时，应将悬吊的胎膜绑扎固定，以免影响后肢运动。不宜在胎膜上拴系重物，因为这样可能引起子宫脱出和胎膜撕裂。

在产后24h内最佳的促进胎膜排出的方法，是将50IU催产素溶于500mL生理盐水中，15min以上缓慢静注，必要时可在2h后重复，也可以每隔15～60min肌注催产素10～20IU，病程长者需要适当增大催产素的剂量才可增强子宫收缩。若催产素治疗不成功，作为替代，将10～12L温盐水或0.1%～0.2%聚维酮碘灌注子宫，使其充满尿囊腔，这样可以使子宫伸展，还能促进内源性催产素释放，使胎盘微子叶分离，从而促进胎膜排出。该方法需要用一根无菌胃管通过胎膜破裂口远端进入尿囊腔,在将液体灌入时要使尿膜绒毛膜紧紧包裹住胃管,然后系住开口(见图4-9),保持30min以内。

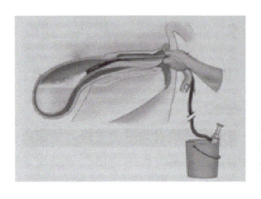

图4-9 尿膜绒毛膜腔灌注液体使其扩张,促进胎盘分离和排出

在子宫灌注时可将手臂伸入阴道轻柔地牵引和扭转胎衣,对于胎盘分离有一定的促进作用(图4-10),但不主张用手剥离胎盘,因为这样会引起子宫出血,加剧子宫黏膜损伤和纤维化程度,而且增加了内毒素和细菌吸收的可能。强行剥离胎盘会诱发子宫角末端内翻和子宫脱出,并且会造成部分胎盘残留于子宫中。

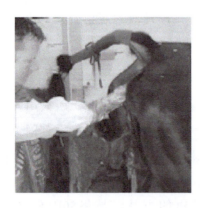

图4-10 经催产素治疗后,轻轻取出胎膜(见彩图)

排出来的胎衣应将其平铺在地上,以检查其完整性,如果发现部分缺失,可以用手指触诊或内窥镜来检查是否仍有部分未分离的胎盘残留于子宫内,注意无菌操作,胎衣在子宫内滞留超过8h,有形成败血性子宫炎的危险。

胎衣排出后,进行子宫灌洗。应使整个子宫包括子宫角完全膨胀。

这样做有助于清除子宫内的细菌、液体、碎片和酶类，子宫灌洗每隔12～24h重复一次，直至回流液变得清亮为止。可以在子宫内投入抗菌消炎药。在患病母马产后发情时要对子宫进行全面的检查，包括微生物培养和细胞学检查，发生过胎膜滞留的母马，不应该在产后第一次发情时配种。

根据细菌培养和药敏试验结果选用抗生素，厌氧菌感染可用甲硝唑或青霉素。非甾体抗炎药，特别是氟尼辛葡甲胺抗内毒素作用非常好，如母马发生内毒素血症，需进行静脉输液来维持心血管系统和其他重要脏器的生理功能。可将母马置于沙地、腐植土或碎刨花卧床上，或者使用蹄叉支撑垫来支持和保护蹄部（图4-11），以防发生蹄叶炎。

图4-11 由于胎膜滞留而发生了子宫炎-蹄叶炎-败血症感染综合征的夏尔母马。该马躺卧不能站立，卧于铺了厚锯末垫的卧床，用吊索进行了特别支持（见彩图）

【预后】

发生胎膜滞留的母马如处理不当会发生严重的并发症，甚至造成死亡。因此，对每一个病例都需要认真考虑并及早治疗。

四、会阴撕裂创

会阴撕裂是常见的产伤，特别是头胎母马易发，常因胎儿过大和产式异常（如胎儿前肢置于头颈上方）引起。根据损伤程度可将会阴撕裂分为一度撕裂、二度撕裂和三度撕裂，通过仔细的外观视诊结合直肠和阴道触诊可以确定损伤程度。对不同程度的损伤采取相应的治疗方法，对术前、术中和术后的每个细节认真处理是获得手术成功和生殖功能恢复的关键。

【病因】

会阴撕裂常多发于初产母马，如胎儿过大和产式异常，助产时使用产科器械不慎，母马强烈努责或强行拉出胎儿等均可引起。

一个特殊情况就是胎儿通过骨盆腔时前肢置于头颈上方，阴瓣突出明显及前庭阴道括约肌过大，在分娩时增加了胎儿前肢与阴道背侧黏膜接触的机会，随着胎儿的继续产出，使胎儿前肢穿破背侧阴道壁，严重者甚至可使胎儿前肢穿入直肠。如果阴道背侧穿透但没有穿透直肠，胎儿继续产出会损伤会阴体腹侧和阴门背侧。如果直肠被穿透，但是胎儿蹄部在进一步排出前又撤回阴道，则会形成直肠阴道瘘。如果直肠被穿透而胎儿蹄部没有退回阴道，在胎儿继续产出过程中会导致整个后段会阴体、肛门腹侧和阴门背侧被破坏（三度撕裂）。很少见有损伤发生在阴道侧壁、直肠后部和肛门括约肌。

【临床症状】

病马表现出疼痛，尾根高举，拱背并频频努责。可见撕裂口边缘不整，出血，肿胀以及阴道黏膜充血、肿胀，并从阴道内流出血水及血凝块。马分娩强烈努责可导致膀胱外翻。如膀胱脱出，随尿液增加而增大。如病马出现腹膜炎症状，不予以及时治疗，则很快发生死亡。

【诊断】

通过临床症状、详细视诊以及直肠阴道触诊可以确定损伤范围。在损伤没有立即进行修复，特别是三度撕裂创的情况下，对整个生殖道尤其是子宫损伤和子宫内膜炎进行评估是很重要的，因后段生殖道被粪便污染而发生子宫内膜炎特别常见。在评估子宫内膜炎的可能性时可考虑进行子宫黏膜细胞学检查、细菌培养和活组织检查。

注意和直肠阴道瘘、前庭瘘及其他的后段生殖道撕裂创的鉴别。

【治疗】

产驹过程中仔细观察，可及时发现胎儿前蹄和阴道黏膜出现异常，从而立即将胎儿推送回去并重新调整胎儿肢体的方向，这样可以减轻损伤程度。如果幼驹前肢穿透直肠并可能从肛门穿出，应该能够将之推回，至少可以挽救会阴体和肛门腹侧不被损伤。一旦发现阴门撕裂要立即清理和修正。对新鲜撕裂创可用组织黏合剂将创缘粘接起来，也可用尼龙绳按褥式缝合法缝合。在缝合前要清除坏死及损伤的组织等。另外可采用Caslick外阴成形术进行手术修复（见图4-12～图4-16）。阴门血肿较大时，可在产后4天左右切开血肿，清除血凝块，对形成的脓肿予以切除并做引流。

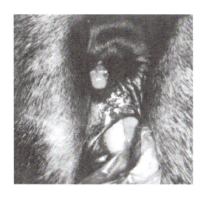

图4-12　一匹纯血母马8周前发生了持续性的会阴部三度撕裂创，阴门水平已经部分愈合（见彩图）

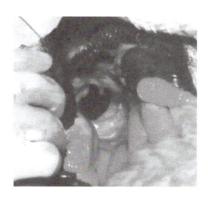

图4-13　经适当的预处理，准备修复撕裂创。阴门愈合部分已经锐性切开，暴露三度撕裂创（见彩图）

图4-14　直肠（上）和阴道（下）隔膜通过仔细切开后在每个结构的深层嵌入简单间断垂直褥式缝合来再造（见彩图）

图4-15　隔膜修复即将完成，会阴体即将构建（见彩图）

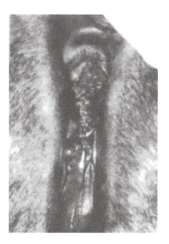

图4-16　仔细缝合会阴部皮肤和肛环，一期修复手术完成（见彩图）

修复手术可在柱栏内站立保定镇静下进行，可以采用赛拉嗪硬膜外麻醉或配合利多卡因浸润麻醉。手术修复治疗有多种不同方法，可以采取一期或二期修复，但它们的基本原则应该包括使用高强度可吸收单丝缝合材料，通过仔细而大范围切割组织界面，使之无张力对接而使缝线张力最小，在直肠与阴道前庭间形成一个厚的支撑隔膜，使所有缝线与组织形成良好对合，以减少缝线崩裂。一期修复法是在同一时间将阴道、会阴体和直肠全部修复，二期修复法是首先构建直肠阴道支撑框架，在下一期进行会阴体重建。

术后要继续给予术前日粮和围手术期用药，每天需对会阴部外伤小心清理并涂抗菌软膏。缓泻日粮需持续饲喂4周，正常排便监测是至关重要的，如排便时发现努责必须尽快消除。外部缝线可在术后10～14天拆除。手术后第二次发情可进行子宫内膜细胞学检查和细菌培养，这样允许有充分的时间康复，而且一个发情周期的时间有助于术前污染的自然复旧。

母马可以在术后4周通过人工授精或术后3个月本交恢复配种。手术并发症包括全部或部分创口崩裂、感染、阴道积尿和便秘。

【预后】

一度撕裂预后良好；二度撕裂通过手术治疗预后较好，但如果没有进行手术，则预后谨慎；三度撕裂如不进行手术治疗，则预后不良。

第三节　新生马驹疾病

一、脐带感染

马驹外部脐带断端或内部脐血管发生感染的情况很常见。

【病因】

脐带感染既可因围生期脐带断端血管污染引起，也可因血源性播散使细菌积聚于形成血栓的血管内发生，因此感染既可以形成局灶性脓肿，并可能伴随有周围蜂窝织炎，也可能蔓延到血凝块并感染脐血管的腹腔内部分及脐尿管，许多病例内部和外部均发生感染。脐静脉感染可在肝脏内形成脓肿，少数病例会表现全身性败血症症状，或造成身体其他器官细菌感染，如肺炎和脓毒性关节炎-骨髓炎。引起感染的细菌与引起新生马驹败血症的细菌相似，如肠杆菌科、链球菌属和葡萄球菌属等。

【临床症状】

依疾病严重程度和是否发生散播性感染而表现出较大差异。脐带断端外部感染会表现脐部的肿胀，触诊有热痛，若邻近腹壁存在蜂窝织炎，常有脓液从脐血管排出，脐带残端呈污红色，有恶臭味，形成溃疡，常附有脓性渗出物。病驹有发热反应及食欲不振，弓腰，不愿行走。有时在开始的时候就表现出败血症或后遗症，如脓毒性关节炎症状（见图4-17～图4-19）。

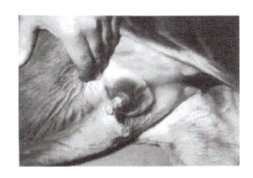

图4-17　新生马驹脐带炎，显示脐带基部肿胀及脐带断端发红和坏死（见彩图）

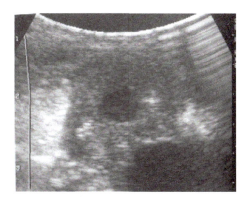

图4-18　经腹壁超声检查脐部发生感染的影像，可见中央低回声区的脐尿管扩张（见彩图）

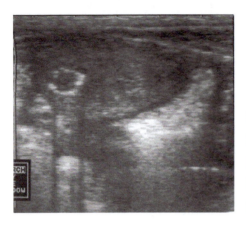

图4-19 经腹壁超声检查脐部发生感染的影像,中央显示强回声亮点说明有气体存在,使阴影区更暗。气体存在提示可能有厌氧菌感染(见彩图)

【诊断】

根据外部表现,触诊及超声检查可确诊。要仔细检查脐带并进行腹腔超声检查。腹内脐血管在幼驹出生4周仍可观察到,正常的脐静脉向前达到肝脏,直径小于10mm,脐动脉向后达到膀胱,正常直径小于12mm,若发生感染则血管增粗,根据血管脓性物质的性质,图像显示含有低回声、有回声或无回声物质,而且血管壁增厚予以判断脐带感染情况。

血常规检查(嗜中性粒细胞增多)、差异蛋白质分析(血浆纤维蛋白原增高)及IgG检测,有助于探明涉及马驹全身功能的症状及确定机体免疫状况。有些局限性外部感染在血象上显示微小的炎性感染变化。

注意与脐带破裂、脐带出血或脐疝、持久脐尿管及腹壁肿胀或腹壁疝相鉴别。

【治疗】

根据情况作不同处置。如在脐孔周围皮下分点注射抗生素。对脓肿要按化脓创予以处置。对脐带发生坏疽者,要切除脐带残端,用消毒药清洗等。为防止全身感染,可用广谱抗生素。

【预防】

产驹时正确处理脐带以及及早摄入足量高品质的初乳至关重要。做好一般管理措施，提供清洁的产驹环境，让马驹尽可能少地与污染源接触（产驹前清洗乳头及乳房）。

二、胎粪吸入综合征

本病常与母体或胎儿应激有关，很少发生。

【病因】

在出生前，如遇到应激时，胎儿可能排出胎粪并污染羊水，经胎儿吸入呼吸道而引起肺炎。

【临床症状】

马驹出生时体表粘有棕黄色胎粪而且羊水也被染成棕黄色，马驹刚出生就发现鼻孔有棕黄色的液体。出生的最初几天发生呼吸窘迫，有些表现为围生期窒息综合征症状。呼吸道疾病的症状在开始不一定就很明显，可经一段时间肺炎加重时才表现。

【诊断】

通过病史和临床表现可作出初步诊断，用内窥镜检查可观察到气管内有棕黄色液体，或X线检查到肺前下部出现颗粒状影像，肺脏组织学检查可以确诊。

【治疗】

早期诊断，尽可能将呼吸道内胎粪污染的液体抽吸出来，但要注意防止肺部的进一步损伤，用内窥镜检查和清理呼吸道效果较好。测定动脉血气可判断是否需要经鼻孔给氧或机械性换气。可使用肺表面活性剂（表面张力素）治疗，给药间隔短而需要多次给药。

三、被动免疫传递失败

被动免疫传递失败（FPT）又叫马先天性不足，是新生马驹最常见的免疫缺陷。马驹出生时处于无免疫球蛋白血症状态，依赖于刚出生后摄取和吸收大量优质初乳将抗体传递，如果这一过程失败则会使新生期和幼年期感染的易感性增加。FPT的发病率一般在2.9%～25%之间。

【病因】

导致被动免疫传递失败有母体因素和新生马驹因素。常见的原因为泌乳提前使初乳迅速流失，初乳质量差则是另一因素，如母马初乳质量差往往在以后的胎次还倾向于再发。

【诊断】

可以通过对出生12～36h马驹血样进行常规筛查，或对新生马驹感染性疾病进行检查是否发生被动免疫传递失败。

在马驹出生18～36h采集血样测定血清IgG，可以用来评估被动免疫传递的效果。有几种不同的测定方法，包括硫酸锌浊度试验、CITE马驹IgG试验（快速半定量）和更准确的免疫比浊法和单向免疫扩散试验等。血清IgG水平低于4g/L（0.4g/dL）认为是被动免疫传递失败的指征，水平在4～8g/L可使马驹对感染的易感性增加，特别是在处于高度感染威胁时，而血清IgG水平高于8g/L，则被认为是理想的被动传递。因此在治疗马驹之前，必须是基于感染风险和IgG水平评估。

【治疗】

在出生后的最初4～6h内，可以用奶瓶或胃管给予1～2L的优质初乳，每1～2h 300～500mL。口服血浆也是一个选择，但其IgG水平较低，要给予初乳体积的5倍量才能达到同样效果。在出生后6～24h可输注血浆，要求血浆含有IgG 15g/L以上。一匹50kg马驹往往需要1～2L血浆。可通过无菌颈静脉16号留置针连接串联滤器输注血浆。要密切观察马驹在输注血浆过程中的不良反应。若反应轻微，可放慢输注速度继续进行，如能耐受血浆输注，可逐渐加快速度。次日检查马驹IgG水平是否达到要求。根据马驹出生时间、管理状况、临床表现及有无其他危险因素来决定是否使用广谱抗生素。

四、新生马驹溶血症

新生马驹溶血症（NI）是新生马驹红细胞抗原与母体血清抗体不相合而引起的一种同种免疫溶血反应，又称为新生仔畜溶血性黄疸。

【病因】

由于母马对胎儿的抗原产生特异性抗体，这种抗体通过初乳途径被吸收到马驹的血液中而发生抗原抗体反应所造成的。

马血型抗原Aa和Qa与该病有关。Aa抗原性最强，常在马驹出生后12～18h引起最急性型的溶血病，Qa一般不会引起临床性疾病，常在测试该病时出现弱的假阳性。该病发生率具有品种特异性，美洲马为2%，而纯血马低于1%。该病只有在下面情况下才会发生：母马缺乏某些特定的红细胞因子，特别是Aa抗原。母马重复暴露于该因子。母马怀有由公马遗传而来携带该红细胞因子的马驹。产生了含有抗红细胞抗体的初乳以及马驹摄入并吸收了抗体，导致了免疫介导的红细胞崩解。

【临床症状】

马驹刚出生时表现正常。常出现于产后12～48h之间，也有极少数可迟至96h。

马驹嗜睡并哈欠，精神不振，卧地时间长，吮乳次数减少；当受刺激或受到限制，心跳和呼吸次数增加；结膜和巩膜检查常显示不同程度的黄疸。严重病例因尿液存在血红蛋白尿而变红，有些马驹可迅速发展为倒卧、抽搐、昏迷甚至死亡。更多的是不特别严重的病例，病程进展较缓慢，少数病例临床症状会滞后。

【诊断】

根据临床症状、病史（经产母马、出生后12～72h出现症状）和实验室检查可作出诊断。

血常规检查红细胞计数低于$4×10^{12}$/L（$4×10^6$/μL），血红蛋白低于70g/L（7g/dL）及红细胞压积（PCV）低于20%。贫血严重者PCV低于

10%。有些病例出现血小板增多症。血浆蛋白浓度保持在正常范围。血液抹片见有异形红细胞和红细胞空壳。如发生大量血管内溶血，可产生血红蛋白血症、血红蛋白尿症和间接胆红素增高。直接抗球蛋白试验检测红细胞表面抗体或补体成分呈阳性，注意可能出现假阴性结果。确诊要证实在母体血液或初乳中有马驹红细胞的同种异体抗体的存在。这项检查需采集母马和马驹的血清和红细胞并用专门试剂进行。

鉴别诊断 寄生虫性溶血、接触有毒物质、败血性溶血以及药物引起新生马驹溶血症。

【治疗】

及早发现，采取有效的治疗措施。通常采取换奶、人工哺乳或是带养等方法。

立即停食母乳，带养或人工哺乳，直至初乳中抗体效价降至安全范围。

输血疗法，在输血前应观察马驹是否已经精神不振、不吮乳或表现出低氧血症。常需缓慢输入1～2L压积洗脱红细胞。但其须用生理盐水洗脱至少3遍，以除去含有抗体的血浆，再将红细胞悬浮于同体积等渗盐水中。如不能洗脱细胞或母体不适合作为供血者，可用去势马进行交叉试验作为供血者（图4-20）。

输注电解质，可促进利尿并可防止血红蛋白相关性肾衰竭。

患病马驹运动限制可适当放宽，且注意温度变化而引起马驹应激，在寒冷条件下应该给厩舍加温并给马驹裹以毯子。有些病例马驹出现严重的低氧血症，应考虑鼻插管供氧。

一旦母马经血型鉴定或曾经有过NI病史，在随后的怀孕中可以采取相应的预防措施。可以通过母马和公马的血型检查来评估有无发生NI的风险，或者可在妊娠的最后2～3周采集母马的血样来检查其抗红细胞抗体的滴度，但注意不要过早采血，因为抗体水平在妊娠末期才升高，常常在产驹之后才达到峰值。一旦鉴定为潜在病例，一定要防止刚出生的马驹吃母马初乳，并在马驹刚出生时给予500mL捐赠初乳，而且要提前给马驹戴上嘴套（图4-20）。之后再用奶瓶喂服至少500mL捐赠初乳，再根据需要给予适量的代乳。产后18～24h应该检测马驹IgG水平,确保其达到要求。在产后应该多次清空母马乳房并监测乳汁直到IgG浓度下降,挤出来的初乳须弃掉,此后就可以安全地让马驹吃母乳,因为此时马驹小肠的特殊吸收机制已经封闭,一般在产驹后24h即可让马驹回到母马身边吃母乳。

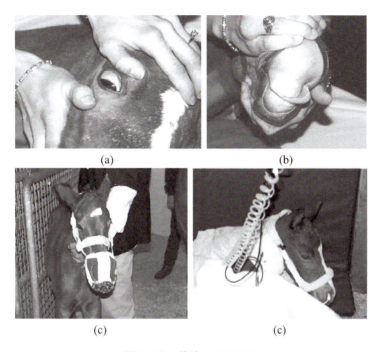

图4-20 黄染(见彩图)

(a)巩膜中度黄染。巩膜颜色变黄,马驹常常在发病最初几天巩膜黄疸不明显

(b)口腔黏膜中度黄染。与巩膜不同,马驹口腔黏膜黄疸往往很明显

(c)戴嘴套的马驹。产前检测出母马抗红细胞抗体阳性,戴嘴套可阻止马驹在出生24～48h吮乳

(d)患病马驹输血、静脉补液治疗和鼻腔内插管补氧

【预防】

避免用已引起溶血病的公马配种。对产前血清或初乳中检出抗体效价较高的母马,产后应禁止给马驹哺乳。在母马体内抗体降至安全范围内可哺乳马驹。给新生马驹灌服食醋(加等量水)后,再让马驹吮乳,有一定效果。

第五章 传染病

第一节　细菌性传染病

一、破伤风

马破伤风又名强直症，中兽医称为箍嘴风或锁口风，幼驹破伤风又叫脐带风。是由破伤风外毒素引起的人兽共患的急性中毒性传染病。病的特征是运动神经中枢应激性增高和肌肉强直性痉挛。多发生于深创、去势（特别是雄性马）之后或出生后7～10天的幼驹。

【病原】

病原为破伤风梭菌（又名强直梭菌），是一种大型厌气性革兰阳性杆菌，多单个存在。本菌在动物体内外均可形成芽孢，其芽孢在菌体一端，似鼓槌状或球拍状，多数菌株有周鞭毛，能运动。不形成荚膜。本菌繁殖体抵抗力不强，一般消毒药均能在短时间内将其杀死，但芽孢体抵抗力强，在土壤中可存活几十年。煮沸经1～3h才能杀死。10%漂白粉和10%碘酊在10min内、0.1%升汞和1.0%盐酸在30min能杀死该菌。

【流行病学】

在各种动物中粪便中破伤风梭菌芽孢普遍存在，被粪便污染或用粪便施肥的土壤、草场和牧场，均为破伤风梭菌芽孢存在的地方。因此成为动物破伤风梭菌芽孢扩散的重要来源。幼驹多经脐带感染，也可经去势伤口感染，成年马多由深创感染，如耳后上方、头部正中的笼头勒伤、蹄部的深刺创及口小而深的创伤等。在各种家畜中，单蹄兽最易感，猪、羊、牛次之。

【临床症状与病理变化】

本病潜伏期长短与感染创伤性质、部位及感染强度有关，最短的为1天(多见于幼驹)，最长40天以上，一般为3～7天。马破伤风初期表现为对刺激的反射性增高，稍有刺激即高举其头，瞬膜外露，咀嚼缓慢，步样强拘等。随着病程进展，出现全身强直痉挛症状。轻者口腔开张困难，勉强能缓慢采食及咀嚼；重者牙关紧闭，不能采食，口腔含有多量黏液，两耳直立、颈项直伸、四肢叉开站立、僵硬如木马状。病马不能转弯与后退，眼球向后翻，鼻孔张大呈卵圆形，并有气喘、呼吸急迫而困难。面部表情惊恐，瞬膜突出，腰背僵硬，角弓反张。腹部蜷缩，沿肋软骨形成一条凹沟。体温一般正常，死前体温升至42℃以上。病死率为45%～90%。

一般无特殊病理变化，通常多见窒息死亡的病变——血液凝固不全，呈暗红色，黏膜及浆膜上有小出血点，肺脏充血及高度水肿。此外还常见脊髓及脊髓膜充血，灰质中有点状出血。感染部位的外周神经有小出血点及浆液性浸润。心肌呈脂肪变性，四肢及躯干的肌肉结缔组织呈浆液性浸润并伴有小出血点。

【诊断】

（1）涂片镜检　取伤口处或脐部分泌物标本直接涂片镜检或鞭毛染色镜检。

（2）细菌分离　取伤口处或脐部分泌物进行厌氧培养。

（3）血清学试验　破伤风毒素是破伤风梭菌的主要致病因子，破伤风毒素的检测方法一般采用ELISA、间接血凝试验、免疫荧光试验以及中和试验的方法进行测定。

【治疗】

① 创伤处理　尽快查明感染的创伤和进行外科处理。清除创内的脓汁、异物、坏死组织及痂皮，对创深、创口小的要扩创，以5%～10%碘酊和3%H_2O_2或1%高锰酸钾消毒，再撒以碘仿硼酸合剂，然后用青霉素、链霉素做创周注射，同时用青霉素、链霉素做全身治疗。

② 药物治疗　早期使用破伤风抗毒素，疗效较好，剂量20万～80万IU，分3次注射，也可一次全剂量注入。临诊实践上，也常同时应用40%乌洛托品50mL。

③ 对症治疗　当马兴奋不安和强直痉挛时，可使用镇静解痉剂。一般多用氯丙嗪肌内注射或静脉注射，每天早晚各1次。也可应用水合氯醛

（25～40g与淀粉浆500～1000mL混合灌肠）或与氯丙嗪交替使用。可用25%硫酸镁做肌内注射或静脉注射，以解痉挛。对咬肌痉挛、牙关紧闭者，可用1%普鲁卡因溶液于开关穴和锁口穴处注射，每天1次，直至开口为止。

【防治】

（1）预防注射　在本病常发地区，应对易感动物定期接种破伤风类毒素。在去势等手术前1月可进行免疫接种预防本病。对较大较深的创伤，除做外科处理外，应肌内注射破伤风抗血清1万～3万IU。

（2）防止外伤感染　平时要注意饲养管理和环境卫生，防止动物受伤。一旦发生外伤，要注意及时处理，防止感染。去势手术时要注意器械的消毒和无菌操作。

二、马腺疫

马腺疫俗称喷喉，是由马腺疫链球菌引起的马属动物的急性传染病。常见于马驹及幼龄马。多为急性发热，鼻黏膜潮红，鼻子淌出黏性及脓性鼻汁。颌下淋巴结肿胀化脓，本病死亡率不高，但影响正常发育。

【病原】

病原为马链球菌马亚种，呈革兰染色阳性，需氧或兼性厌氧。在病灶中常为长链状排列，菌体呈球状或椭圆形，直径为0.6～1.0μm。该菌对外界环境抵抗力较强，水中可存活6～9天，脓汁中可存活数周。对热的抵抗力不强，70℃ 1h、86℃ 15min、煮沸立即死亡；一般的消毒液如5%石炭酸、3%～5%来苏尔10min内可杀死本菌。

【流行病学】

马最易感，骡、驴次之。1～2岁的幼驹感染性最强，1～2个月的幼驹和5岁以上的马感染性较低。病马和带菌马是重要的传染源，主要通过从病马流出的鼻涕和脓汁所污染的饲料及饮水经消化道感染，也可经呼吸道传播。本病多流行于春、秋两季，一般在9月份开始发生，延续至翌年

3～5月份，5月份逐渐减少或消失。

【临床症状和病理变化】

在临床上主要分为3种类型，潜伏期均为1～8天。

（1）**典型腺疫** 体温升高达39～41℃，呼吸、脉搏增数。出现鼻卡他性炎症由浆液变黏液性到黄白色脓性分泌物的过程。当炎症波及咽喉时，颌下淋巴结也肿胀达鸡蛋至拳头大，并波及周围组织，甚至达颜面部和喉部，初硬固，热痛，此时体温可略降，之后逐渐变软，常有一处或数处出现波动，波动处被毛脱落，皮肤变薄，然后脓肿破溃，有黄白色脓汁流出。随着体温下降，炎性肿胀及全身状况好转。创腔内肉芽组织增生，病马逐渐痊愈，病程平均为23天。

（2）**恶性型腺疫** 如果马抵抗力弱，加之治疗不当，则马腺疫链球菌可能转移至其他淋巴结、特别是咽淋巴结、肩前淋巴结及肠系膜淋巴结，甚至肺和脑等器官，发生脓肿，造成多部位或大面积化脓性炎症并出现脓毒败血症。

（3）**一过型腺疫** 鼻黏膜卡他性炎症，鼻黏膜潮红，流浆液或黏液性鼻液，体温轻度上升，颌下淋巴结稍肿，在加强管理的情况下能够很快自愈。

【诊断】

根据流行病学、临床症状及病理变化可做出初步诊断，确诊需进行实验室诊断。

实验室诊断：细菌学诊断可采取下颌淋巴结脓汁涂片染色镜检，可见有链条状排列的球菌。进一步确诊尚须进行细菌培养和鉴定。初次分离可选用血液琼脂培养基，该菌在血平板上可形成透明、闪光、微隆起、黏稠的露滴状菌落，并产生β-溶血，溶血环直径达2～3mm。在血清培养基中幼龄培养物可形成荚膜。近年来使用的聚合酶链式反应能更快速地作出判断（据报道6h内即可获得结果）。

鉴别诊断 病毒性呼吸道疾病、细菌性肺炎、喉囊积脓，由于其他细菌而不是链球菌引起的脓肿。

【防治】

对发现的病马及时隔离治疗，针对不同症状可用不用治疗方法，比如：淋巴结未化脓马，用青霉素、10%磺胺嘧啶，肌内注射，2次/天，连用4天，并用四环素或土霉素0.1g/kg拌于饲料中饲喂；淋巴结化脓病马，除按以上治疗外，还必须如下处理：① 清洁创围，用无菌纱布遮盖创口，由创缘向周围剪毛，然后用肥皂水清洗创围污物，再用生理盐水冲洗；② 冲洗创腔，用0.1%的高锰酸钾溶液冲洗，清除异物及坏死组织，以使脓汁排除；③ 创腔冲洗后用纱布浸上依沙吖啶溶液进行引脓，冲洗干净后用10%的硫酸钠溶液进行灌注或涂擦青霉素软膏。治疗痊愈后至少继续隔离6周，方可解除隔离。

【预防】

加强饲养管理，增强体质。在流行时对未发病马驹用磺胺类药物预防，第一天每匹马驹10g，以后每日每匹马驹5g，口服。疫苗可以有效降低发病率和减轻临床症状。通过免疫程序进行免疫可以获得最好的免疫效果。可使用的疫苗有多种。一类是含有针对马链球菌的囊膜M-蛋白；另一类含有马链球菌纯化酶提取物。

三、沙门菌病

马沙门菌病又称马副伤寒或马副伤寒性流产，主要是由马流产沙门菌等引起马属动物的一种传染病。

【病原】

沙门菌属是肠杆菌科中的一个重要成员，是一大属血清学相关的革兰阴性杆菌，不产生芽孢，亦无荚膜。大小为（0.7～1.5）μm×（2.0～5.0）μm，间有形成短丝状体。在普通培养基上生长良好，需氧及兼性厌氧，培养适宜温度为37℃，pH7.4～7.6。

【流行病学】

各种年龄的马均易感，6月龄以内的幼驹常发生。感染的孕马多数发生流产，特别多见于妊娠中后期的头胎母马。病马和带菌马是本病的主要传染源。病原随粪便、尿、乳汁以及流产的胎驹、胎衣和羊水排出，污染水源和饲料等，经消化道感染健康马。本病多发生于春秋两季，一般呈散发性，有时呈地方流行性。

【临床症状和病理变化】

本病潜伏期为8～15天。孕马流产，幼驹关节肿大、下痢，有时出现支气管炎。公马表现睾丸炎、眷甲肿等。流产母马的胎衣上可见浆液性胶冻样浸润，出血性化脓性和类白喉性炎症。胎儿皮肤、皮下组织、黏膜和浆膜感染。胸腔含有混浊液体或血样液体。心包及胸膜有出血点，肺充血，肝、脾、肾及淋巴结肿大。有的有急性肠胃炎。腹膜水肿，有散在或弥散性出血，表面附有糠麸样物质，有的胎脾有干燥灰白色坏死灶。成年马或大马驹肝肿大变黄，小肠黏膜增厚发炎。

【诊断】

根据流行病学、临床症状和病理变化，只能做出初步诊断，确诊需做沙门菌的分离和鉴定。可用单克隆抗体技术和酶联免疫吸附试验（ELISA）对本病进行快速诊断。

鉴别诊断 细菌性流产，包括链球菌、大肠杆菌、放线菌等；病毒性流产，包括疱疹病毒、动脉炎病毒等；真菌性流产，包括烟曲霉菌等。

【防治】

应用抗菌消炎和防止败血症等药物治疗，可取得良好效果。发生子宫内膜炎的，每日可肌内注射3～5g链霉素，连用5天，停疗2天后重复1～2个疗程。或内服增效磺胺嘧啶4mg/kg，每12h 1次。土霉素每日1次肌内注射2～3g，连用5～10次。阴道流出恶露，可用0.5%高锰酸钾溶液冲洗子宫和阴道，然后可将四环素或金霉素胶囊放入子宫，每隔2天换1次。对公马睾丸炎、附睾炎可注射链霉素或土霉素。

【预防】

应加强饲养管理，消除发病诱因，保持饲料和饮水的清洁、卫生。采用添加抗生素的饲料添加剂，不仅有预防作用，还可促进动物的生长发育。必要时可选择菌苗免疫。

四、巴氏杆菌病

巴氏杆菌病是主要由多杀性巴氏杆菌引起的马的一种急性、热性、败血性、高度传染性疾病，临床以高热、神经兴奋或麻痹、发病快、死亡率高为特征。

【病原】

多杀性巴氏杆菌呈短杆状或球杆状，长0.6～2.5μm，宽0.25～0.6μm，常单个存在，较少成对或成短链，革兰染色阴性。病料组织成体液制成的涂片用瑞氏、姬姆萨或美蓝染色后镜检可见两极深染的短杆菌，但陈旧或多次继代的培养物两极染色不明显。用印度墨汁染色镜检可见由发病动物新分离的强毒菌株有清晰的荚膜，但经过人工继代培养而发生变异的弱毒菌株荚膜变窄或消失。有些多杀性巴氏杆菌有周边菌毛，多见于从萎缩性鼻炎病例分离到的产毒素菌株。本菌对物理和化学因素的抵抗力较弱，普通消毒剂对本菌都有良好的杀灭作用。

【流行病学】

所有年龄的马匹均可感染，但幼年马易患，患病马匹通过排泄物、分泌物不断排出有毒力的病菌，污染饲料、饮水、用具和外界环境，经消化道而传染给健康动物；或由咳嗽、喷嚏排出病菌，通过飞沫经呼吸道传播本病；吸血昆虫作为媒介也可传播本病；也可经皮肤、黏膜的伤口发生感染。本病的发生一般无明显的季节性，但以冷热交替、气候剧变、闷热、潮湿、多雨的时候发生较多。

【临床症状和病理变化】

发病主要见于幼驹，临诊上一般分为高热和麻痹型、腹泻型、水肿型3种形式。

（1）**高热和麻痹型** 见于流行初期和中期。病驹体温多在40℃以上，少数病例有流浆液性鼻汁的临床症状；发病后期，病驹脊椎两侧反应迟钝或完全消失，唇下垂，不能回缩，肠音沉衰或消失；濒死期腋下和内股部出汗。病程不超过2天，短的仅数小时，病死率可达90%。只有高热而无麻痹临床症状的，病情显著缓和，病死率不超过4%。

（2）腹泻型　见于流行中后期。病驹体温稍高，通常不超过40℃；排牛粪样软便或水泻，肠音衰减或沉衰，四肢及脊椎两侧反应敏感。预后一般良好，病死率不到2%。

（3）水肿型　见于流行中后期。病驹体温稍高，一般在39.5～40.5℃；常于头部、颈部等处出现炎性肿胀，头部的肿胀状似河马头。预后一般良好，病死率不到2%。

患驹大、小肠浆膜血管充盈，呈细枝状，散在大量针头至豆大的出血点，严重者出现手掌大的出血炎症区，甚至整个肠段浆膜都变成深暗红色，但黏膜病理变化不明显；心外膜，特别是在冠状沟和纵沟的脂肪层上散在大量出血斑点；脊椎两侧胸膜散在大量米粒至绿豆大的出血点，排列成长带状；硬脑膜充血出血；肺特别是肺尖部常有豆大的出血点。

【诊断】

根据病理变化、临床症状和流行病学材料，结合对病马的治疗效果，可对本病做出初步诊断，确诊有赖于细菌学检查。败血症病例可从心、肝、脾或体腔渗出物等部位取材，其他病型主要从病理变化部位、渗出物、脓汁等部位取材，如涂片镜检见到两极染色的卵圆形杆菌，接种培养物分离并鉴定该菌则可确诊本病。必要时可用小鼠进行实验感染，通常是将少量（0.2mL）病料悬液皮下或肌内接种小鼠，小鼠一般在接种后24～36h死亡，通过小鼠对微生物的筛选和增菌作用，鼠血液的涂片中可见到纯的多杀性巴氏杆菌。最近，报道用多聚酶链反应（PCR）可检测巴氏杆菌。

【防治】

发病初期用桂柴黄注射液治疗，可收到良好的效果。用青霉素、链霉素、四环素族抗生素、磺胺类药物、喹乙醇等药物进行治疗也有一定效果。如将抗生素和桂柴黄注射液联用，则疗效更佳。另外，可通过将药物投放在饮水或饲料中的方法进行给药。

【预防】

加强饲养管理，消除可能降低机体抵抗力的各种应激因素，其次应尽可能避免病原侵入，并对圈舍、围栏、饲槽、饮水器具进行定期消毒，疫苗接种可增强机体对该病的特异性免疫力。由于多杀性巴氏杆菌有多种血清型，各血清型之间多数无交叉免疫原性，所以应选用与当地常见的血清型相同的血清型菌株制成的疫苗进行预防接种。

五、李斯特菌病

李斯特菌病是由单核细胞增多性李斯特菌引起的一种散发性人畜共患传染病，患病动物主要表现脑膜脑炎、败血症和孕畜流产，以及坏死性肝炎、心肌炎和单核细胞增多症。

【病原】

产单核细胞李斯特菌为革兰阳性的小杆菌，在感染组织或液体培养物中常呈类球形，有些菌体稍弯曲，呈弧形，多单在或排列成V形或Y形。在较老龄的或粗糙型的培养物中，呈丝状或短链状，培养18～24h，呈类白喉杆菌样栅栏状排列。R型菌落中的菌体呈长丝状。本菌革兰染色阳性，无芽孢，不形成荚膜。菌体在有些老龄培养物中为革兰染色阴性。菌体有4根周生鞭毛，但在37℃培养时则几乎无鞭毛。本菌不耐酸，pH5.0以上才能繁殖，至pH9.6仍能生长。对食盐耐受性强，对热的耐受性比大多数无芽孢杆菌强，常规巴氏消毒法不能杀灭它，65℃经30～40min才杀灭。一般消毒剂都易使之灭活。

【流行病学】

患病动物和带菌动物是本病的传染源。由患病动物的粪、尿、乳汁、精液以及眼、鼻、生殖道的分泌液排菌，进而污染饲料、饮水，而通过消化道感染。通过呼吸道、眼结膜或皮肤损伤等也可传播。本病多为散发性，偶见地方性流行。一年四季均可发生，晚冬和春季为高发季节。

【临床症状和病理变化】

表现为精神不振、厌食、流涎、发热、步态不稳、不随群行动、黄疸和淡红色的尿。还有脑脊髓炎症状，体温升高，感觉过敏，共济失调，四肢、下颌和喉部不完全麻痹，意识和视力减弱，病程约1个月，多痊愈。有神经临床症状的患病马匹，脑膜和脑可能有充血、炎症或水肿的变化，脑脊液增加，稍混浊，含很多细胞，脑干变软，有小脓灶，血管周围有以单核细胞为主的细胞浸润。患病动物出现败血症变化，肝有坏死。流产的母马可见到子宫内膜充血以至广泛坏死，胎盘子叶常见有出血和坏死。

【诊断】

本病无特征性症状及病理变化，确诊需进行病原的分离鉴定。血清学试验有凝集试验、补体结合反应、ELISA、PCR等。

鉴别诊断　脑包虫病、乙型脑炎等。

【防治】

早期大剂量应用磺胺类药物，或与青霉素、四环素、链霉素等并用，有良好的治疗效果。与氨苄青霉素和庆大霉素混合使用，效果更好。

【预防】

平时需驱除鼠类和其他啮齿动物，驱除外寄生虫，不要从染疫地区引入动物。发病时应实施隔离、消毒、治疗等措施。

六、马传染性子宫炎

马传染性子宫炎是由马生殖道泰勒菌引起马属动物的一种急性传染病，主要通过交媾传播，患马出现宫颈炎、阴道炎和子宫内膜炎，公马感染后呈无症状经过。

【病原】

病原为泰勒菌属嗜血杆菌，是一种革兰阳性球杆菌，无芽孢，无鞭毛，不能运动，无抗酸性，但有荚膜。菌体大小为（0.5～2.0）μm×（0.5～0.7）μm。

本菌在含5%～10%CO_2条件下生长良好,在巧克力培养基上生长较好,最适培养温度35～37℃。在干燥土壤、粪便、青贮饲料和干草中能长期存活。对酸、碱有较强的耐性。在80℃ 40s、55℃ 30min即可死亡。对青霉素有抵抗力,对链霉素敏感,但易产生耐药性。

【流行病学】

本病主要发生于马。病马和隐性感染马是该病的主要传染源。主要通过交配感染,也可经人工授精或污染物发生间接接触感染。本病流行主要发生于马的繁殖季节。有些种公马可长期带菌,常成为非疫区的传染源,引起该病流行。

【临床症状和病理变化】

潜伏期为2～14天。母马感染后表现为子宫颈炎、子宫内膜炎或早期发情的症状。通常发病1～2天可见渗出物排出,2～5天时最多。渗出物逐渐变成黏稠的脓汁。患病母马发情期缩短,间隔13～18天后重复发情,配种后几乎都不受孕。妊娠马感染者较少,一般能正常分娩,如患有严重的宫颈炎和子宫内膜炎可导致流产。多数马不经治疗即可临诊康复,但仍可长期带菌。病马子宫颈管黏膜表现粗糙、充血和水肿,阴道也有炎症。

【诊断】

(1) 涂片检查　于发情期从母马子宫内膜或宫颈采集标本,制作涂片,用雷氏曼染色或快速三色染色能发现大量中性粒细胞,用革兰染色能发现革兰阴性球杆菌。可以见到大量脱落的黏膜上皮细胞、细胞裂解碎片和多核巨细胞。

(2) 分离培养　从母马子宫颈、阴蒂凹、阴蒂窦,公马尿道、尿道窝、阴茎鞘采集标本,接种到ECA平板上,在37℃和含有5%～10%二氧化碳、5%氧气、85%氮气或90%氢气中培养,孵化24h后15倍放大可以看到球杆菌的菌落,孵化48h菌落的直径约1mm,菌落灰白色,有光泽、隆起,再进行染色和生化鉴定。纯培养的细菌也可用血清凝集试验等加以鉴定。

(3) 血清学诊断　破板凝集试验、试管凝集试验、补体结合反应和 ELISA 等。急性感染马最好采用试管凝集试验。补体结合反应可用于急性、慢性和带菌马。ELISA 快速、敏感，对早期和晚期病例都能检出。

鉴别诊断　细菌性子宫内膜炎，阴道损伤。

【防治】

治疗多采用局部和全身相结合的疗法。

（1）感染母马的治疗　可用氯己定、呋喃西林、氨苄西林或青霉素、新霉素冲洗子宫、阴道、阴蒂凹、阴蒂窦等部位，连续 3～5 天，同时肌内注射氨苄西林，每天 4g，分两次注射，间隔 12h，连续 3～5 天，常能获得满意结果。

（2）感染公马的治疗　可用氯己定、呋喃西林彻底冲洗阴茎和包皮，并用抗生素软膏作局部治疗，连续 3～5 天，同时口服呋喃妥因或肌内注射氨苄西林 3～5 天，也可获得满意结果。

感染马治疗停药后 1～2 周采集标本，每次间隔不少于 7 天，连续 3 次阴性标本者为治愈。未治愈者可再治疗一个疗程。

【预防】

主要是对引进马匹进行严格检疫，即可达到预防的目的。在该病疫区进行人工授精是控制本病的主要手段。另外要及早发现感染或患病马，并立即进行隔离治疗。

第二节　病毒性传染病

一、马流行性感冒

马流行性感冒（简称马流感）是由正黏病毒科流感病毒属的马 A 型流感病毒引起的马属动物的一种急性高度接触传染性疾病，以发热、咳嗽、流浆液性鼻液为特征。

【病原】

马流感病毒的病毒粒子呈多形态，多为球形，直径为0～120nm。病毒具有脂质双层囊膜。其表面有致密排列的纤突，其中90%为血凝素（HA），其余10%为神经氨酸酶（NA），两者构成病毒的主要表面抗原。国际上根据流感病毒的H和N的不同，将H分成15个亚型，N有8个亚型。马流感病毒只发现过H7N7和H3N8两种亚型，而且，自20世纪90年代之后，再未发现H7N7亚型感染病例。

【流行病学】

自然条件下，只有马属动物具易感性，没有年龄、性别和品种差别。病马咳嗽喷出含有病毒的飞沫，经呼吸道传染是主要的传播方式，也可通过污染的饲料、饮水经消化道感染。因为病毒可在康复马匹的精液中存在很久，因此配种尤其是本交时也可传播此病。本病传播极为迅速，常呈暴发性流行，一年四季均可发生，以春秋季多发。

【临床症状和病理变化】

潜伏期为2～10天。患马表现发热，体温上升到39.5℃以上，稽留1～2天，或4～5天，然后徐徐降至常温。如有复相体温反应，则有了继发感染。所有病马在发热时都呈现全身症状，呼吸加速、脉搏频数、食欲降低、精神委顿。眼黏膜充血水肿，大量流泪。病马在发热期中常表现肌肉震颤，肩部的肌肉最明显，病马因肌肉酸痛而不愿活动。本病常取良性经过，如无并发症的经1周恢复正常。致死性病例的马肺呈水肿、支气管肺炎及胸膜炎。胸腔积液，喉周围常有胶样浸润。全身淋巴结浆液性炎。

【诊断】

（1）采取动物发热初期鼻液，立即接种于孵化9～11天的鸡胚尿囊腔或羊膜腔内分离病毒，然后用病原学或血清学方法作进一步鉴定。

（2）采取动物发热初期鼻液用PCR试验进行鉴定。

（3）采取动物发热初期血液用血凝抑制试验进行鉴定。

鉴别诊断　马鼻病毒、马鼻肺炎、马病毒性动脉炎等。

【治疗】

当有细菌性继发感染时，可选用磺胺类药物及抗生素类进行治疗。

【预防】

加强饲养管理，注意防止应激因素的刺激，停止使役，隔离感染动物，保持清洁卫生。目前在欧美市面上有马流感灭活疫苗。

二、马鼻肺炎

马鼻肺炎是马的一种急性传染病，其特征为发热和呼吸道卡他性炎症。妊娠母马感染后可发生流产。

【病原】

病原为疱疹病毒科的马疱疹病毒1型。该病毒分为2个亚型，亚型1主要引起流产，亚型2主要引起呼吸道症状。病毒呈球状或不规则球形，大小为120～200nm。该病毒对乙醚、氯仿、胰蛋白酶等都敏感，可迅速被0.35%福尔马林灭活。本病毒在体外不能长时间存活，对乙醚、氯仿等都敏感。pH4以下和pH10以上迅速灭活。

【流行病学】

病马和带毒马是主要传染源。该病只有马属动物易感，尤以两岁以下的育成马最易感，可通过呼吸道、消化道、交配而传播。常呈地方性流行，多发于秋冬和早春季节。初次发生本病的马群，常先出现鼻肺炎症状，然后孕马可能出现流产，多见于妊娠8～11个月时，尤以妊娠9～10个月时流产最多。老疫区多见1～2岁的马发病，3岁以上的马很少发病，妊娠母马发生流产的也较少。

【临床症状和病理变化】

潜伏期为2～4天。临床上分为鼻肺炎型和流产型。鼻肺炎型多发生于幼龄马，体温升高达39.5～41℃，食欲减退，从鼻孔流出浆性、黏性或脓性鼻液。眼结膜黏膜充血潮红。颌下淋巴结肿胀。一般经4～8天自然康复。如若发生继发感染，可引起咽炎、喉炎或肺炎，病程可达10天以上。流产型表现为妊娠母马有轻微的呼吸道症状，无任何流产先兆而发生流产，一般情况下胎驹和胎盘一并排出，母马很快恢复正常，不会影响今后的配种和受孕，流产胎驹多为死胎，无明显变化。有时产出弱胎，但很快死亡。少数妊娠母马发生神经症状，共济失调，甚至瘫痪死亡。严重发病马病理可见全身各黏膜潮红、肿胀和出血，肝脏、肾脏及心脏呈实质性变性，脾脏及淋巴结呈中等度肿胀等败血性变化。在气管、胃和小肠中有胶冻样黏膜皱襞，小肠的孤立淋巴滤泡和集合淋巴结肿大，有些地方出现浅表性烂斑或较深的溃疡。早期流产的胎儿发生严重的自溶。后期的流产胎儿具有特征性病理变化。体表外观新鲜，皮下常有不同程度的水肿和出血，可视黏膜黄染。心肌出血，肺水肿和胸水、腹水增量，脾大。肝包膜下散在针尖大至粟粒大灰黄色坏死灶。

【诊断】

（1）病毒分离　采集临床病料或尸体剖检材料接种原代马肾或皮单层细胞进行病毒分离，观察细胞病变或进行荧光抗体试验。

（2）血清学试验　包括ELISA、CF、AGID。

鉴别诊断　幼驹的马鼻肺炎与马病毒性动脉炎、马流感、马腺疫、马传染性支气管炎鉴别，妊娠马流产与马沙门菌病流产的鉴别。

【治疗】

单纯的鼻肺炎无需治疗。当有细菌性继发感染时，可选用磺胺类药物及抗生素类进行治疗。对流产母马需用消毒剂冲洗马尾和后肢，清除污染的病毒。

【预防】

加强妊娠马的饲养管理。对流产马进行隔离，对流产排出物彻底消毒。被污染的垫草及饲料要销毁。欧美国家目前使用灭活疫苗免疫接种，一般需要接种2次，即母马在妊娠2～3个月和6～7个月各接种1次，幼驹在3月龄和6月龄各接种1次。

三、日本脑炎

日本脑炎，又称流行性乙型脑炎病（epidemic encephalitis B），是由乙型脑炎病毒引起的一种人畜共患的蚊媒病毒性传染病。除人、马和猪外，其他动物多呈隐性感染。

【病原】

日本脑炎病毒属黄病毒科（*Flaviviridae*）黄病毒属（*Flavivirus*），是一种球形单股RNA病毒，病毒直径30nm左右，具有血凝活性，能凝集鸡、鸽等红细胞。本病毒对外界环境的抵抗力不强，常用消毒药均有良好的灭活作用。

【流行病学】

日本脑炎是一种自然疫源性疾病。马、骡、驴、猪、牛、绵羊、山羊、骆驼、狗、猫、鸡、鸭、人以及许多野生动物等均有感染性，并出现病毒血症。水鸟是该病毒的贮藏宿主，马是该病毒重要的扩增宿主。除人、马、猪外，许多种动物呈隐性感染，一般不表现临床症状。本病毒的流行因气温、雨量、地理条件及家畜饲养状况的不同而异。该病有明显的季节性，常发生在气温暖和、潮湿多雨及沼泽地区，特别是媒介体蚊大量孳生时极易流行。马对JE病毒比较敏感，但隐性感染率极高，在流行地区的阳性率为90%～100%。

【临床症状和病理变化】

潜伏期为1～2周。大多数自然感染马不表现任何临床症状。发病马可视黏膜潮红，精神不振，沉郁、兴奋或麻痹。有的病马后躯不全麻痹，步行摇摆，容易跌倒，甚至不能站立。妊娠母马发生流产，胎儿死亡。病马脑脊液增多，呈透明黄色，有时出现混浊。硬脑膜及软脑膜轻度充血，有的可见有大小不等的出血点和出血斑。脑组织软化，脑沟变浅。切面可见血管充血，有散在的点状出血。大脑皮质、纹状体、丘脑和中脑组织有时可见粟粒大小的液化灶。脑室稍扩张，室壁有时可见出血点。脊髓膜混浊、稍硬。心内外膜点状出血。组织学检查见非化脓性脑炎变化。

鉴别诊断　俄罗斯马脑炎、狂犬病、镰刀菌毒病及肉毒梭菌中毒症。

【诊断】

（1）**病毒分离**　取病马脑组织和脊髓样品，用含有双抗的PBS制成10%悬液，将悬液以1500g离心15min，取上清液接种于2～4日龄乳鼠脑内。

（2）**血液学检查**　病初白细胞总数常上升，中性粒细胞增多，谷草转氨酶升高。碘试验、麝香草酚和硫酸锌浊度试验均为阴性。

（3）**血清学检查**　包括病毒中和试验、血凝抑制试验和补体结合试验。

【治疗】

早期采取降低颅内压、调整大脑机能、解毒为主的治疗措施。同时要对病马专人护理，防止外伤，避免音响刺激等。

【预防】

应从畜群免疫接种、消灭传播媒介和宿主动物的管理三个方面采取措施。

可接种乙脑疫苗，以提高马群的免疫力。消灭传播媒介，以灭蚊防蚊为主，尤其是三带喙库蚊。对马舍等饲养家畜的地方，应定期进行喷药灭蚊，对赛马、种马等动物舍必要时应加防蚊设备。加强饲养管理，应重点管理好没有经过夏秋季节的幼龄动物和从非疫区引进的动物。

四、马脑脊髓炎

马脑脊髓炎是引起马属动物的一种严重的自然疫源性传染病，包括东部型马脑脊髓炎、西部型马脑脊髓炎和委内瑞拉马脑脊髓炎。主要侵害马，幼年马比成年马敏感。本病也感染人。

【病原】

马脑脊髓炎病毒为披膜病毒科的甲病毒属成员,病毒粒子呈球形,大小为25～70nm，有囊膜，表面有纤突，为单股正链RNA。该病毒对乙醚、氯仿等敏感，紫外线和60℃加热可在短时间灭活。对酸敏感，常用1%盐酸溶液作为玻璃或塑料器材的消毒液。

【流行病学】

病马和带毒动物是本病的传染源。蚊是病毒的传播媒介。鸟是病毒的贮主和扩大宿主。病毒在鸟类和蚊子之间循环传播。人和马是该病毒的终末宿主。除马属动物和人外，猴、犊牛、羊、狗、鸡、鹅、鸭、家兔、野兔、鼠以及许多野鸟也对该病毒易感。本病有明显的季节性，一般来说温带地区通常在夏初开始零星发生，夏秋流行，11月中旬以后停息。流行暴发与蚊子的密度呈现明显的线性关系。

【临床症状和病理变化】

东部型和西部型马脑脊髓炎，潜伏期1～3周。呈散在发生。患畜体温可升至39.5～42℃，沉郁或兴奋、嗜睡、圆圈运动、共济失调等。有的呈现不完全麻痹；有的在突然发作之后，很快变得极度疲惫。呼吸、脉搏加快，结膜轻度黄染。委内瑞拉马脑脊髓炎，潜伏期数天。病马常呈双相热型，第一相时体温增高并有病毒血症；第二相时有中枢神经症状，呈虚脱、共济失调、眼球震颤、下唇下垂等表现。东部型和西部型马脑脊髓炎组织学检查可见非化脓性脑炎，即神经元坏死、小胶质细胞增生和形成血管套。委内瑞拉马脑脊髓炎可见淋巴结和骨髓的坏死性变化，神经细胞坏死、嗜中性粒细胞浸润等。

【诊断】

（1）病毒分离与鉴定。

（2）RT-PCR检测。

（3）血凝抑制（HI）试验、ELISA、免疫荧光（IFA）、蚀斑减数中和试验（PRNT）等。

鉴别诊断 马原虫性脑脊髓炎、细菌性脑膜炎、狂犬病等。

【治疗】

本病尚无特效疗法，可对症治疗。用高免血清、乌洛托品等有一定效果。使用干扰素也可起到一定的治疗作用。

【预防】

应从消灭或防治吸血昆虫为主。国外有弱毒疫苗和灭活疫苗。我国尚未发现本病,应加强入境检疫。

五、马传染性贫血

马传染性贫血,简称马传贫(EIA),是由马传染性贫血病毒引起的马属动物一种传染病。主要表现为高热稽留或间歇热、贫血、出血、黄疸、心脏衰弱、水肿和消瘦等并反复发作。发热期(有热期)临床症状明显,间歇期(无热期)则临床症状逐渐减轻或暂时消失。

【病原】

马传染性贫血病毒是反转录病毒科慢病毒属成员。病毒核酸为单股正链RNA。病毒粒子呈球形。基因组全长为9200nt。该病毒对外界抵抗力较强。将粪便堆积发酵时,经30min即可死亡。2%～4%氢氧化钠液和福尔马林液,均可在5～10min内将其杀死,3%来苏尔液可在20min内杀死。日光照射1～4h死亡。在-20℃左右病毒可保存毒力达6个月到2年。病毒对热的抵抗力较弱,煮沸立即死亡。

【流行病学】

本病只感染马属动物,其中,马最易感,骡、驴次之,且无品种、性别、年龄的差异。患病或带毒的马属动物是主要的传染源。主要通过虻、蚊、刺蝇及蠓等吸血昆虫叮咬而传染,也可通过病毒污染的器械等传播。多呈地方性流行或散发,以7～9月份发生较多。在流行初期多呈急性型经过,致死率较高,以后呈亚急性或慢性经过。

【临床症状和病理变化】

本病潜伏期长短不一,一般为20～40天,最长可达90天。根据临床特征,常分为急性、亚急性、慢性和隐性四种类型。

急性型 高热稽留。发热初期,可视黏膜潮红,轻度黄染;随病程发展逐渐变为黄白至苍白;在舌底、口腔、鼻腔、阴道黏膜及眼结膜等处,常见鲜红色至暗红色出血点(斑)等。病程短者3～5天,最长不超过一个月。多见于新疫区的流行初期,或者疫区内突然暴发的病马。

亚急性型 呈间歇热。一般发热39℃以上，持续3～5天退热至常温，经3～15天间歇期又复发。有的患病马属动物出现温差倒转现象。

慢性型 不规则发热，但发热时间短。病程可达数月或数年。

隐性型 无可见临床症状，体内长期带毒。

急性病例主要表现败血性变化，可视黏膜、浆膜出现出血点（斑），尤其以舌下、齿龈、鼻腔、阴道黏膜、眼结膜、回肠、盲肠和大结肠的浆膜、黏膜以及心内外膜尤为明显。肝、脾大，肝切面呈现特征性槟榔状花纹。肾显著增大，实质浊肿，呈灰黄色，皮质有出血点。心肌脆弱，呈灰白色煮肉样，并有出血点。全身淋巴结肿大，切面多汁，并常有出血。亚急性和慢性型主要表现贫血、黄染和细胞增生性反应。脾中（轻）度大，坚实，表面粗糙不平，呈淡红色；有的脾萎缩，脾小梁增多。不同程度的肝大，呈土黄或棕红色，质地较硬，切面呈豆蔻状花纹（豆蔻肝）。

【诊断】

（1）**临床诊断** 包括流行病学调查、临床和血液学检查、活体组织学检查和病理学检查。注意与马梨形虫病、伊氏锥虫病、钩端螺旋体病的鉴别。

（2）**血清学诊断** 包括琼脂凝胶免疫扩散试验、酶联免疫吸附试验(需经AGID证实)等。

（3）**分子生物学诊断** 用RT-PCR法检测血浆中马传贫病毒要比琼扩免疫扩散试验等方法敏感。

【治疗】

采取扑杀措施。

【预防】

加强饲养管理，搞好马厩及其周围的环境卫生，消灭蚊、虻，防止蚊、虻等吸血昆虫侵袭马匹。一旦发现病马或经实验室确诊为阳性马则采取扑杀措施，并将病马及其尸体等一律进行无害化处理。病马污染的场地、用具等严格消毒，粪便、垫草等应堆积发酵消毒。不从疫区购进马匹，必须购买时，要隔离观察45天以上，经临床综合诊断和2次血液学检查确认健康者，方可合群。

第六章 寄生虫病

第一节 内寄生虫病

一、马副蛔虫病

马副蛔虫病是由蛔科的马副蛔虫寄生于马属动物的小肠内所引起,是马属动物常见的一种寄生虫病,对幼驹危害很大。

【病原】

虫体近似圆柱形,两端较细,黄白色。口孔周围有3片唇;雌虫长18～37cm,尾部直,雄虫长15～28cm(见图6-1)。虫卵近似圆形,直径90～100μm,呈黄色或黄褐色。虫卵对外界因素抵抗力较强。在温度39℃时,虫卵停止发育并死亡。夏季干旱时,虫卵经5～16天死亡。

【生活史】

虫卵随宿主粪便排出体外,在土壤中孵化成胚蚴,继而发育为感染性虫卵,马食入感染性虫卵后在小肠内孵出幼虫,幼虫钻到肠壁2～3次蜕皮移行小肠,经过肝脏、肺脏、咽部二次吞咽回到小肠,蜕皮为成虫(见图6-2)。整个发育过程大约为2个半月,成虫的寿命可以长达1～5年。

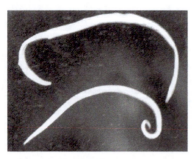
图6-1 马副蛔虫实物(雌雄)

图6-2 马副蛔虫寄生于小肠(病例)

【流行病学】

马副蛔虫病流行广泛,但以幼驹感染性最强,老年马多为带虫者,散布病原体。本病感染多发于秋冬季。感染率与感染强度和饲养管理有关。

【症状与病理变化】

病初可能出现咳嗽，常自鼻孔流出浆液或黏液性鼻液。成虫可引起卡他性肠炎、出血，严重时发生肠阻塞、肠破裂，有时虫体钻入胆管或胰脏，可引起相应的症状，如呕吐、黄疸等。幼虫移行时，损坏肠壁、肝肺毛细血管和肺泡壁，可引起肝细胞变性、肺出血和炎症。马副蛔虫的代谢产物及其他有毒物质，导致造血器官及神经系统中毒，发生过敏反应，如痉挛、兴奋以及贫血、消化障碍等。

【诊断】

从临床症状和流行病学资料可初步诊断。采集疑似马匹粪便，经粪检检出特征性马副蛔虫卵可确诊。对疑似马匹，可用精制敌百虫等驱虫药物进行驱虫，随粪排出蛔虫可确诊。

【防治】

可用驱蛔灵、精制敌百虫和阿苯达唑。

【预防】

注意厩舍卫生。避免饲料等被粪便污染。定期驱虫，每年1～2次或多次进行计划性驱虫，驱虫后35天内不要放牧；孕马在产前2个月驱虫。对放牧马群，应实行分区域轮牧。

二、马圆线虫病

马圆线虫病是由马圆线虫、普通圆线虫和无齿圆线虫引起的马属动物慢性肠卡他等症状的一类线虫病。它们常在马体内混合寄生，造成严重的感染。

【病原】

马圆线虫呈线状或圆柱状。食管简单，呈棒状或瓶状。雄虫尾端有角质的交合伞，呈对称的叶状，并由肋状物所支撑，通常有两根交合刺（见图6-3）。

(a)马圆线虫头端　　(b)无齿圆线虫头端　　(c)普通圆线虫头端

图6-3　马圆线虫头端示意

【生活史】

寄生于消化道中的马圆形线虫的生活史属直接发育类型，不需要中间宿主，虫卵随宿主粪便或尿液排出体外，在25℃左右和潮湿的条件下，约经1周可孵化为感染性的第3期披鞘幼虫。幼虫被宿主食入后，在小肠脱鞘后，不同种线虫所采取的移行途径和发育过程不同。其第3期幼虫被摄入后，蜕去鞘膜，钻入结肠和盲肠黏膜内，蜷缩成团，形成结节，蜕皮两次，变成第5期幼虫，以后返回肠腔内寄生。

【流行病学】

马圆线虫在宿主体内的寿命，短的不足两个月，但感染量大、混合感染为多见。该病主要经消化道感染。成虫寄生于肠管引起的疾病，多发生于夏末和秋季，更常在冬季饲养条件变差时转为严重。

【临床症状和病理变化】

成虫大量寄生时，可呈急性发作，表现为消瘦，食欲不振，异嗜，下痢和腹痛等。幼虫以普通圆线虫引起血栓性疝痛最多见，表现为不安，打滚，频频排粪，重者作犬坐式或四足朝天仰卧，腹围增大，粪便为半液状并含血液，如治疗不及时，多以死亡告终。肠管内可见大量虫体附着黏膜上，肠壁有大小不等的结节。可在前肠系膜动脉和回盲结肠动脉上见有动脉瘤，呈圆柱形、棱形、椭圆形等，大小不等。幼虫在肝和胰脏造成的损伤。

【诊断】

结合临床症状、饲养方式及病史资料进行初步诊断。然后采集疑似马匹粪便，以证实有圆形线虫寄生，通过对3期幼虫培养进行确诊。对疑似马匹，可用广谱驱虫药物进行驱虫，随粪排出圆形线虫可确诊。

【防治】

（1）阿苯达唑；

（2）噻苯达唑；

（3）硫化二苯胺；

（4）伊维菌素。

加强饲养卫生管理，定期驱虫，一年至少2次或多次。另外服用低剂量硫化二苯胺（1～2g）有预防作用。

三、马尖尾线虫病

马尖尾线虫病是由马尖尾线虫寄生于马属动物盲肠和结肠内所以起的一种线虫病，为马属动物常见的线虫病，以尾臀部发痒为特征。

【病原】

该虫口孔呈六边形，由六个小唇片围绕。头端有6个乳突。口囊短浅。食道前部宽，中部窄，后部为食道球。雌雄外观上差别很大。雄虫灰白色，长9～12mm，尾较钝。雌虫常为灰褐色，长约50mm，有些雌虫长度可达100～150mm，尾部长（可达体部的3倍）。雄虫尾部有两对大乳头，以支持其尾翼，一枚交合刺长120～160μm。雌虫阴户位于体前部，距离口7～8mm（图6-4）。

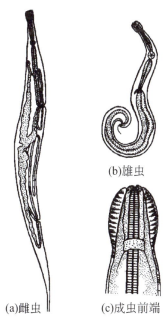

图6-4　马尖尾线虫

【生活史】

雄虫交配后死亡，雌虫产卵时下行至肛门，将虫体前部伸出肛门外，在马会阴部皮肤上产卵，由于卵块的干缩或马的擦痒等动作，卵块进入自然界，马由于摄食受感染性虫卵污染的饲料或水源而感染。在小肠内，幼虫从卵壳中溢出，移居大肠肠腔内，感染后5个月发育为成虫。

【流行病学】

虫卵在适宜的环境中可生存数周，干燥时不超过12h；冰冻时不超过20h。本病多见于幼驹和老马，在卫生状况恶劣的厩舍中和不做刷拭、个体卫生不良的马匹，常普遍产生感染。

【症状和病理变化】

病马表现为剧烈的肛痒，会阴部发炎、被毛脱落、皮肤肥厚、病马经常摩擦后体使尾毛蓬乱倒立，皮肤破溃，引起继发感染及深部组织损伤。

【诊断】

根据临床症状，病马经常摩擦尾部损伤部位被毛及皮肤，肛门周围及会阴部有污秽不洁的卵块，可初步诊断。刮取肛门周围和回音不均的黄色污物，涂片，镜检易发现虫卵存在。有时虫卵的雌虫由肛门露出，也有助于诊断。

【防治】

（1）噻苯达唑；

（2）美曲膦脂（敌百虫）；

（3）伊维菌素。

【预防】

主要是搞好厩舍及马体卫生，发现病马及时驱虫，并搞好用具和周围环境的消毒及杀灭虫卵的工作；经常刷洗患马的肛门部，并服药治疗，健康马与患马分开饲养。

四、马胃蝇蛆病

马胃蝇蛆病是由于双翅目胃蝇科胃蝇属的各种胃蝇幼虫寄生于马属动物胃肠道内所引起的一种慢性寄生虫病。常见的马胃蝇有4种,即肠胃蝇、红尾胃蝇、兽胃蝇、烦扰胃蝇。

【病原】

成蝇形态基本相似,体长9~16mm,身上密布绒毛,口器退化,复眼、触角小,产卵管向腹下弯曲。马胃蝇的3期幼虫粗长,虫体呈椭圆形,前端有一对黑色锐利的口前钩,后端齐平,分节明显,每一个体节有1~2行小刺,从体上各节的刺分布不同来鉴定种类(图6-5)。

图6-5　马胃蝇蛆3期幼虫(见彩图)

【生活史】

马胃蝇蛆生活史属完全变态,要经过卵、幼虫、蛹和成虫完成一个生活周期,雌虫产卵于马的肩、胸、腹、腿的被毛上,一生产卵700枚左右,马食入1期幼虫,在口腔黏膜下或舌的表层组织内1个月蜕化为2期幼虫,移行入胃,发育为3期幼虫,翌年春发育成熟后随粪便入土化蛹,后羽化为成蝇;成蝇再侵袭马属动物,导致马胃蝇蛆病。

【流行病学】

成蝇活动季节多在5~9月份,以8~9月份最盛。干燥、炎热的气候,管理不良和马匹消瘦等情况,有利于本病的流行。

【症状和病理变化】

体质较好马匹，在少数幼虫寄生在贲门部时，不表现明显临床症状；体质较弱的马，在多量幼虫（几百个至上千个）寄生在胃腺部，则出现严重的症状。患马发生口炎、咽炎，出现吞咽困难、咳嗽等症状；有时饮水自鼻孔流出。食欲减退、贫血、消瘦、周期性疝痛、多汗等。在幼虫叮着的部位，病变似火山喷口状，胃或十二指肠穿孔等。有时幼虫堵塞幽门部和十二指肠。

【诊断】

本病无特殊症状，许多症状又与消化系统疾病相类似，所以在诊断本病时，要详细了解和检查后再分析判断，有以下几点进行诊断。

（1）**触诊** 马体被毛上有无胃蝇卵。

（2）**视诊** 夏秋季发现咀嚼、吞咽困难时，检查口腔、齿龈、舌、咽喉黏膜有无幼虫寄生；春季注意观察马粪中有无幼虫。发现尾毛逆立，频繁排粪的马匹，详细检查肛门和直肠上有无幼虫寄生。

（3）**诊断性驱虫** 给疑似马注射伊维菌素进行驱虫，根据排出的马胃蝇蛆形态来确诊。

（4）**尸体剖检** 可在胃、十二指肠等部位找到幼虫。

（5）**免疫学诊断** 可用胃蝇幼虫无菌水浸液进行变态反应诊断或其他免疫学试验进行诊断。

【防治】

（1）伊维菌素；

（2）精制敌百虫；

（3）甲苯。

本病的预防注意以下几点：① 保持夏季马匹体表的干净，要"洗刷"去除马胃蝇的卵堆；② 在秋冬季节驱杀马胃肠内寄生的幼虫，最好是在9月份末～11月份末各驱杀胃肠内寄生幼虫1次；在本病严重流行的地区，每年秋冬2季可用兽用精制敌百虫、伊维菌素或阿维菌素进行预防性驱虫；③ 当幼虫移行于口腔或咽部内时，用5%敌百虫植物油喷涂于虫体的寄生部位，将虫体杀死；④ 在有条件的情况下，可采取夜间放牧，以防成蝇侵袭产卵；⑤ 在患马排出成熟幼虫的季节，应随时摘取附着在直肠黏膜上、肛门上或马粪排出的幼虫，以粪便堆积发酵、喷洒农药等方法消灭幼虫。

五、伊氏锥虫病

伊氏锥虫病又称"苏拉病"，由锥虫科锥虫亚属的伊氏锥虫寄生于宿主动物（马属动物及牛、羊等）血脏器和血液内引起的一种血液原虫病，临床表现为进行性消瘦、贫血、黄疸、高热和心肌衰竭等。本病在世界各地广泛流行。

【病原】

伊氏锥虫虫体细长，呈卷曲的柳叶状，长度一般为15～34μm，宽1.5～2.5μm，头端尖，后端钝，中央有一较大的椭圆形核，后端有一点状的动基体（也叫运动核），由位于前的生毛体和后方的副基体组成，鞭毛由生毛体长出。鞭毛与虫体之间由薄膜相连，虫体运动时鞭毛旋转，此膜也随之波动，故称波动膜。姬姆萨染色后其核和动基体呈深红色，鞭毛呈红色，波动膜呈粉红色，原生质呈淡天蓝色（见图6-6）。该寄生虫对外界抵抗力很弱，干燥、日光照射都能使其很快死亡，50℃经5min即死亡，在水中很快崩解。

【生活史】

伊氏锥虫在动物的造血器官、血液及淋巴液中以纵分裂法进行繁殖。虻和螫蝇等吸血昆虫在患病或带虫动物体上吸血时，吸入体内。伊氏锥虫在吸血昆虫体内不发育，只起到机械传播病原的作用。当携带伊氏锥虫的虻和螫蝇等再吸食健康动物的血时，即把伊氏锥虫传给健康动物。

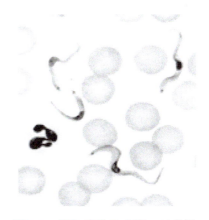

图6-6　马伊氏锥虫病原（见彩图）

【流行病学】

许多家畜和动物都能感染伊氏锥虫,马、骡、犬最易感。各种带虫动物是主要传染源,南方以黄牛、水牛为主,北方牧区以骆驼为主。猫、犬、野生动物、啮齿类动物、猪等也可成为本病的保虫宿主。该病主要经吸血昆虫(虻及厩螫)机械性传播。我国南方各省以夏、秋季发病最多,每年7~9月流行。

【症状和病理变化】

伊氏锥虫病潜伏期为4~11天;临床特征为进行性消瘦、贫血、黄疸、高热、心力衰竭,常伴发体表水肿和神经症状等。急性型病:多为不典型的稽留热(多在40℃以上)或弛张热,马体温可迅速升高到40℃以上,呼吸急促,心律不齐,亢进,食欲废绝,快则2~4h死亡,慢则24h内死亡。急性病例血中锥虫检出率与体温升高比较一致,而且有虫期长。慢性型病:马体温升高至40℃左右,时站时卧,食欲减退或废绝,呼吸急促,呈腹式呼吸,严重的出现四肢下部和公畜阴囊水肿。慢性病例不规律,常见体躯下部水肿。后期病马高度消瘦,心力衰竭,常出现神经症状,主要表现为步态不稳,后躯麻痹等。病马可视黏膜苍白、黄染,皮下组织黄染。脏器黏膜和浆膜散布点状或斑状出血。胸腔、腹腔和心包腔蓄积多量黄色液体。心内、外膜点状出血,脾脏肿大,呈槟榔肝变化。全身淋巴结肿大充血。肺出血及水肿。胃黏膜出血和水肿等。

【诊断】

根据流行病学、症状、病变、血液学检查、病原学检查和血清学检查综合判断。

血片检查 采血混于2倍盐水中,放玻璃片上观察有无活动的虫体;或将血液等涂片染色后,在油镜下观察有无虫体。

集虫检查 采多量血液,加抗凝剂,离心沉淀后镜检沉渣,查找虫体。

血清学诊断 包括凝集反应、沉淀反应、ELIS和补体结合反应等。

鉴别诊断 马传贫、血孢子虫病等。

【治疗】

强心、补液、健胃缓泻等。注意锥虫病易复发，故治疗一次用药量要足；要交替用药以防产生抗药性。

【预防】

① 杀灭吸血昆虫，防止刺螫动物传染；② 采血、注射器械严格消毒；③ 加强饲养管理，提高机体抗病力。

六、马媾疫

马媾疫是由马媾疫锥虫寄生在马属动物生殖器官黏膜内而引起的一种原虫病。本病仅马属动物易感，表现为生殖器官发炎、肿胀，出现结节和溃疡，皮肤出现轮状丘疹等。近年来，该病发病率已逐年下降。

【病原】

马媾疫锥虫为一种鞭毛虫，呈卷曲的柳叶状，前端尖锐、后端稍钝，虫体中央有一椭圆形的核，后端有一小点的动基体。姬姆萨染色虫体，核和动基体呈深紫红色。媾疫锥虫不需传播媒介和中间宿主。

【流行病学】

本病多呈散发性，局部地区呈地方性流行。病畜为传染源，尤为带虫者。病马与健马交配时传染，也可经未严格消毒的人工授精器械、用具等传播。常发生于马的交配季节。

【症状和病理变化】

潜伏期8～28天，少数达3个月。公马一般先从包皮前端开始发生水肿，逐渐蔓延至阴囊、阴茎、腹下及股内侧，触诊呈面团状，无热无痛，尿道黏膜潮红肿胀，流出黏液，尿频，性欲旺盛。母马阴唇水肿，阴道流出黏液及脓性分泌物，不久出现水疱、溃疡及无色素斑。病马屡配不孕，或妊娠后易发生流产。病马颈、胸、腹、臀部等特别是两侧肩部的皮肤出现扁平丘疹，圆形或椭圆形，直径5～15cm，中间凹陷，周边隆起，称"银元疹"。病马神经症状期以局部神经麻痹为主，腰神经与后肢神经麻痹，表现为步样强拘，后躯摇晃，跛行；面神经麻痹时嘴唇歪斜，耳及眼睑下垂。咽麻痹时呈现吞咽困难。病马臀部与后肢股部肌肉变性、出血，肌间结缔组织呈浆液性水肿。全身淋巴结髓样肿胀。肺淤血、水肿。肝淤血、脂肪变性。脾呈增生性脾炎变化。肾实质变性并有点状出血。膀胱壁变厚，黏膜出血。脑脊髓膜充血。脑室扩张。脑脊液增量。脑实质有时水肿。

【诊断】

临床检查 发现马匹外生殖器炎症、水肿、皮肤轮状丘疹等可怀疑本病。

病原检测 应采取尿道或阴道分泌物或丘疹部组织液查找锥虫。因该虫仅短暂存在于血液中，且数量很少，很难检出。

血清学检测 包括琼脂扩散、间接血凝试验和补体结合反应。

鉴别诊断 应与伊氏锥虫病、马传贫、血孢子虫病鉴别。

【治疗】

拜耳205，用法同"伊氏锥虫病"。贝尼尔，每千克体重4mg，用无菌蒸馏水配成5%溶液，臀部深层肌内注射。

【预防】

在配种季节前，应对公马和繁殖母马进行检疫。对健康公马和采精用的种马，在配种前用安锥赛进行预防注射。在对新调入的种公马和母马要严格进行隔离检疫。大力发展人工授精，减少或杜绝感染的机会。

第二节 外寄生虫病

一、硬蜱

硬蜱是一些人兽共患病的传播媒介和贮存宿主，蛰伏于浅山丘陵的草丛、植物上，或寄宿于牲畜等动物皮毛间，导致马匹体表的一种重要外寄生虫病。硬蜱的区系分布较复杂,全球性分布,其流行具有地方性和季节性。

【病原】

硬蜱成虫身体呈卵圆形,背腹扁平,躯体呈椭圆形或圆形,虫体分头胸和腹两部分。雄蜱背面的盾板几乎覆盖着整个背面,雌蜱的盾板仅占体背三分之一(图6-7)。

图6-7　硬蜱(见彩图)

(上三左至右为雄性硬蜱、雄性璃眼蜱、雄性扇头蜱;
下三左至右为雄性革蜱、雌性革蜱、雄性血蜱)

【生活史】

蜱的生活史为不完全变态,可分为卵、幼虫、若虫和成虫四个时期。多数硬蜱在动物体上进行交配,交配后吸饱血的雌蜱离开宿主落地,爬到缝隙内或土块下产卵,可产数千至几万个卵;虫卵小,呈卵圆形,黄褐色,通常经3周或1个月以上孵出幼虫;幼虫爬到宿主体上吸血,经过2～7天吸饱血后,落到地面,经过蜕化变为若虫;饥饿的若虫再侵袭动物,寄生吸血后,再落到地面,蛰伏数天至数十天,蜕化变为性成熟的雌性或雄性成蜱。吸饱血后,虫体可涨大几倍到几十倍,雌蜱最为显著,可达100～200倍。硬蜱随种类不同,其生活场所亦有差异,一般活动季节为2～9月,侵袭马属动物吸血,并传播其他疾病。

【流行病学】

硬蜱的流行受温度影响较大,当环境温度升高时,硬蜱出没、活动频繁。少数蜱的叮咬,大多数家畜不表现临床症状,但数量增多时,患马显现痛痒、烦躁不安，经常以摩擦、抓和舐咬来企图摆脱害虫，然而这种努力却常导致局部出血、水肿、发炎和角质增生。一只雌蜱每次平均吸血0.4mL，因此当大量寄生时，可引起贫血、消瘦和发育不良。另外，硬蜱还是其他寄生虫病和传染病的重要媒介，间接造成马继发感染其他病（蜱虫可传播细菌、病毒、立克次体、无浆体、支原体等），如马梨形虫（焦虫）病。蜱在叮刺吸血时多无痛感，但由于螯肢、口下板同时刺入宿主皮肤，可造成局部充血、水肿、急性炎症反应，还可引起继发性感染。有些硬蜱在叮刺吸血过程中唾液分泌的神经毒素可导致宿主运动性纤维的传导障碍，引起上行性肌肉麻痹现象，可导致呼吸衰竭而死亡，称为蜱瘫痪。

【症状和病理变化】

患马贫血、消瘦和发育不良，表现痛痒、烦躁不安，经常以摩擦、啃咬和舐咬；患部出血、水肿、发炎和角质增生。

【诊断】

本病具有一定的季节性，在春夏季结合流行季节看到马匹出现啃咬、舔舐皮毛，可检查局部有无硬蜱寄生，以及皮肤炎症并结合饲养环境中观察有无硬蜱孳生等进行诊断。

【防治】

常用药物有伊维菌素或阿维菌素。

二、马疥螨病

马疥螨病是由马疥螨（*Sarcoptes equi*）、马痒螨（*Psoroptes equi*）引起的一种体外常见寄生虫病。以季节性发生和皮肤瘙痒、炎症为特征。

【病原】

马疥螨和马痒螨虫体均较小，在显微镜下可见为黄白色或灰白色，似龟形，口器在虫体前端，头胸腹合为一体，腹面有圆锥形的足4对（图6-8）；虫卵呈椭圆形，灰白色。

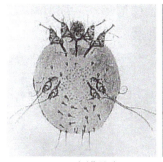 

(a) 疥螨雌虫　　　　(b) 痒螨雌虫

图6-8　马螨虫病原

【流行病学】

该病主要为接触传染，健康马接触到患马或受到污染的厩舍、饲具、用具均可感染，也可通过兽医或管理人员的衣物和手传播。主要发生于冬春季，尤其在马厩经常阴暗潮湿、通风不良、狭小拥挤、卫生条件差或马体卫生状况不良、皮肤经常湿度较高的情况下易发生该病。本病呈全球性流行。

【生活史】

马疥螨和马痒螨全部发育过程都在动物体上度过，包括卵、幼虫、若虫和成虫4个阶段。

【症状和病理变化】

该病表现为倚物摩擦、蹭痒、啃咬等现象，以皮肤出现丘疹、溃疡、脱毛、结痂为主要特征。马痒螨主要寄生在鬃、鬣、尾、颌间、股内侧及腹股沟等部位、乘挽马的鞍具、颈轭等处皮肤。痂皮柔软，黄色脂肪样，易剥离。马疥螨从头部、体侧、躯干及颈部开始，并蔓延至肩部、甲及全身。痂皮硬固不易脱落，勉强剥离时，创面凹凸不平，易出血。严重者可发生厌食、消瘦、虚弱，甚至全身性衰竭。

【诊断】

（1）**临床诊断**　根据发病季节、传播特点和临床症状可做出初步诊断；

（2）**实验室诊断**　直接涂片法：将刮取物放在载片上滴加2～3%甘

油水，加盖玻片，在显微镜下检查。虫体浓集法：用10%氢氧化钠溶液溶解痂皮后，吸取沉渣镜检，以提高检出率。

【治疗】

① 体表清创、消毒杀虫；② 药液反复擦洗患处；③ 注射长效缓释驱杀螨药物；④ 局部透皮给药。

【预防】

保持厩舍卫生干燥，马舍应能通风透光，及时清除粪便，经常清洗厩舍，减少感染；加强对马厩及环境消毒，除了做好日常的定期消毒工作外，在冬春季节，尤其在已发生螨病的养殖场户，应做好消毒灭源；经常观察马群有无瘙痒、掉毛、皮炎等，及时隔离可疑患马，尽快查明原因并采取相应措施；从外地购买、引进马匹时，要事先调查当地有无螨病存在，引入后应隔离饲养观察，并做螨虫检查，确定无螨后，方可合群饲养；加强饲养管理，保持马体表卫生清洁，提高马群抵抗力。在冬春季节，给马群进行预防性驱虫（用伊维菌素片或散剂）。

参考文献

[1] 陈溥言. 兽医传染病学. 第5版. 北京：中国农业出版社，2011.

[2] 陆承平. 兽医微生物学. 第4版. 北京：中国农业出版社，2010.

[3] 孔繁瑶. 家畜寄生虫学. 第2版. 北京：中国农业大学出版社，1997.

[4] 于匆. 最新实用兽医手册. 北京：中国农业科学技术出版社，1987.

[5] 王功民，马世春. 兽医公共卫生. 北京：中国农业出版社，2011.

[6] 李金祥. 人畜共患传染病释义. 北京：中国农业出版社，2009.

[7] 于康震. 中国消灭马鼻疽60年. 北京：中国农业科学技术出版社，2013.

[8] 孔宪刚，王晓钧. 马传染性贫血. 北京：中国农业出版社，2015.

[9] Cynthia M. Kahn，Scott Line. 默克兽医手册. 第10版. 北京：中国农业出版社，2015.

[10] 李章云，韩国才. 马场兽医手册. 北京：中国农业出版社，2016.

[11] 董彝. 实用牛马病临床类症鉴别. 北京：中国农业出版社，2003.

[12] 崔治中，金宁一. 动物疫病诊断与防控彩色图谱. 北京：中国农业出版社，2013.

[13] David Frape. 马营养与饲养管理. 第4版. 北京：中国农业出版社，2014.

[14] 秦晓冰. 马疫病学. 北京：中国农业大学出版社，2016.

[15] Rouben J. Rose，David R. Hodgien. 马兽医手册. 第2版. 北京：中国农业出版社，2008.

[16] 刘焕奇. 马普通病学. 北京：中国农业大学出版社，2017.

[17] 苏增华，宋俊霞. 马鼻疽和马传染性贫血防控知识问答. 北京：中国农业科学技术出版社，2014.

[18] 王晓钧. 马流感. 北京：中国农业出版社，2015.

[19] 魏锁成，马忠仁，陈士恩. 赛马的运动与肢蹄病诊疗. 北京：科学出版社，2016.

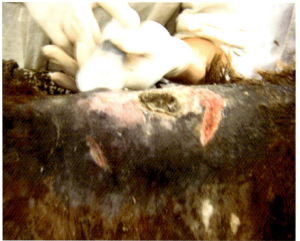

图 3-2 鞍挽具损伤

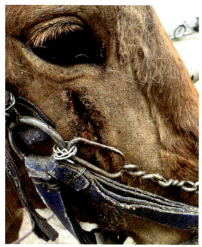

图 3-3 马副鼻窦蓄脓术后化脓创

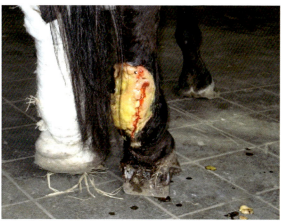

图 3-4 马增生肉芽创

图 3-5 棍棒打击后的皮下组织挫伤

图 3-6 马的血肿穿刺放血

图 3-7 被马踢伤淋巴管引起的淋巴外渗

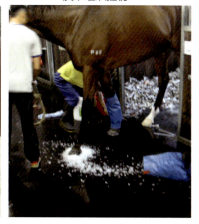

图 3-15 对损伤腱鞘进行包冰冷疗

图 3-18
腱断裂超声波影像图

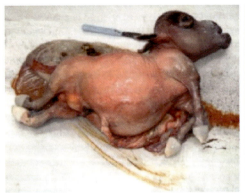

图 4-1 刚流产的胎儿,伴有多发性畸形,包括下颌骨畸形和体格过小

图 4-2 在妊娠后期发生的双胎流产(显示胎儿大小有明显不同,小的胎儿已经在子宫内死亡并处于木乃伊化早期)

图 4-3 非常罕见的情况,一匹矮种母马产出活的双胎马驹,出生时均为成熟不良胎,大小差异明显

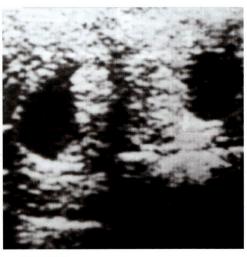

图 4-4 超声检查影像显示胎龄17天的双胎孕体,每侧子宫角各一个

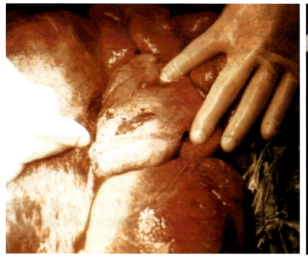

图 4-6 母马剖腹手术不久,显示子宫上小的撕裂口

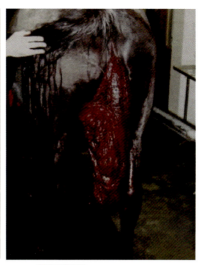

图 4-7 产后子宫脱出

图 4-8 一匹母马产后子宫脱出,施行了安乐死

图 4-10 经催产素治疗后,轻轻取出胎膜

图 4-11 由于胎膜滞留而发生了子宫炎-蹄叶炎-败血症感染综合征的夏尔母马。该马躺卧不能站立,卧于铺了厚锯末垫的卧床,用吊索进行了特别支持

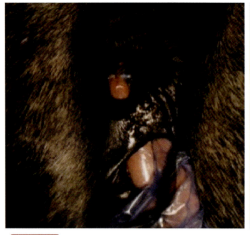

图 4-12 一匹纯血母马8周前发生了持续性的会阴部三度撕裂创,阴门水平已经部分愈合

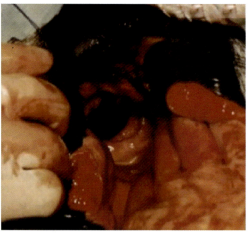

图 4-13 经适当的预处理,准备修复撕裂创。阴门愈合部分已经锐性切开,暴露三度撕裂创

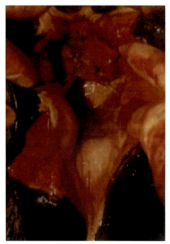

图 4-14 直肠(上)和阴道(下)隔膜通过仔细切开后在每个结构的深层嵌入简单间断垂直褥式缝合来再造

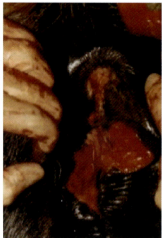

图 4-15 隔膜修复即将完成,会阴体即将构建

图 4-16 仔细缝合会阴部皮肤和肛环,一期修复手术完成

图 4-17 新生马驹脐带炎,显示脐带基部肿胀及脐带断端发红和坏死

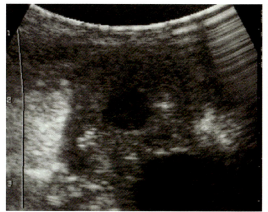

图 4-18 经腹壁超声检查脐部发生感染的影像,可见中央低回声区的脐尿管扩张

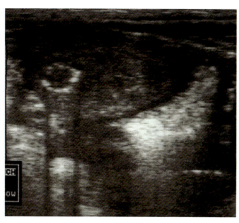

图 4-19 经腹壁超声检查脐部发生感染的影像,中央显示强回声亮点说明有气体存在,使阴影区更暗。气体存在提示可能有厌氧菌感染

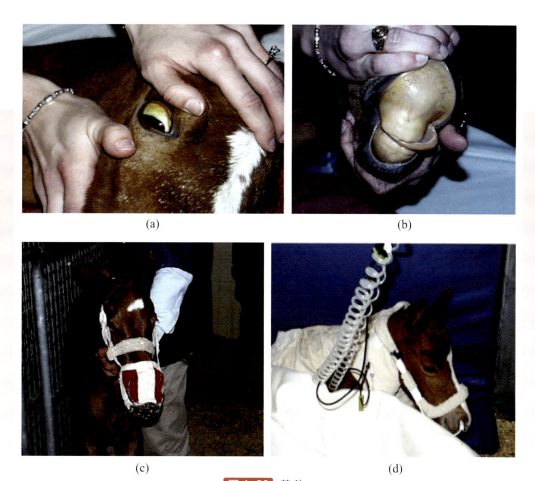

(a)　　　　　　　　　　　　(b)

(c)　　　　　　　　　　　　(d)

图 4-20 黄 染

图6-5 马胃蝇蛆3期幼虫

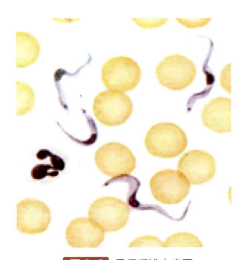

图6-6 马伊氏锥虫病原

图6-7 硬蜱

(上三左至右为雄性硬蜱、雄性璃眼蜱、雄性扇头蜱；
下三左至右为雄性革蜱、雌性革蜱、雄性血蜱)